ulmer

Hervé Husson

IDEENBUCH HÜHNERSTÄLLE

12 Modelle Schritt für Schritt selbstgebaut

Aus dem Französischen von Claudia Ade

60 Fotos
300 Zeichnungen

Inhalt

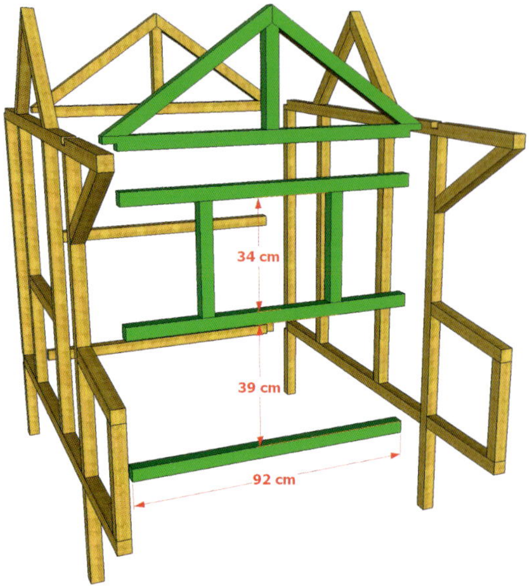

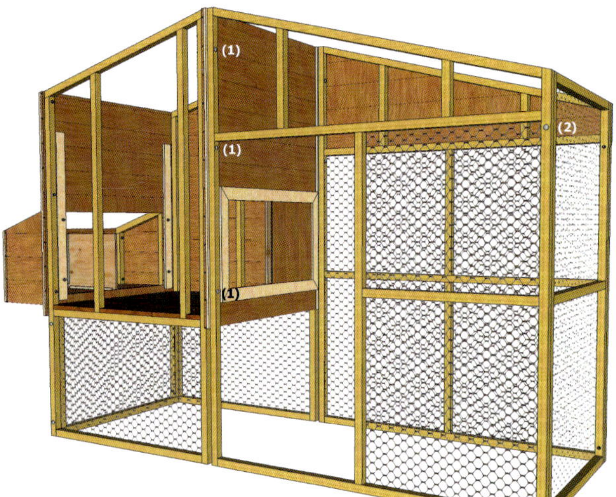

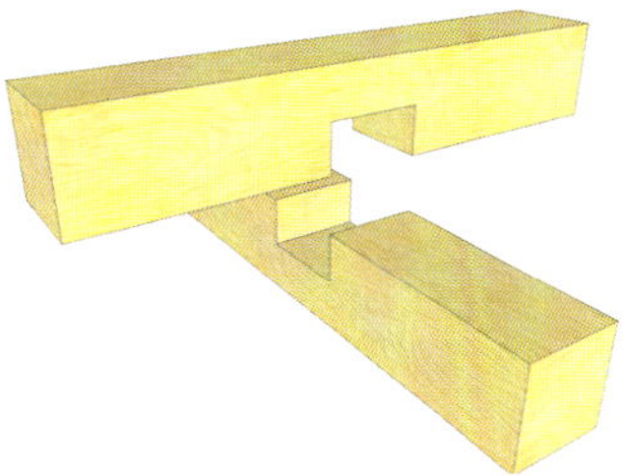

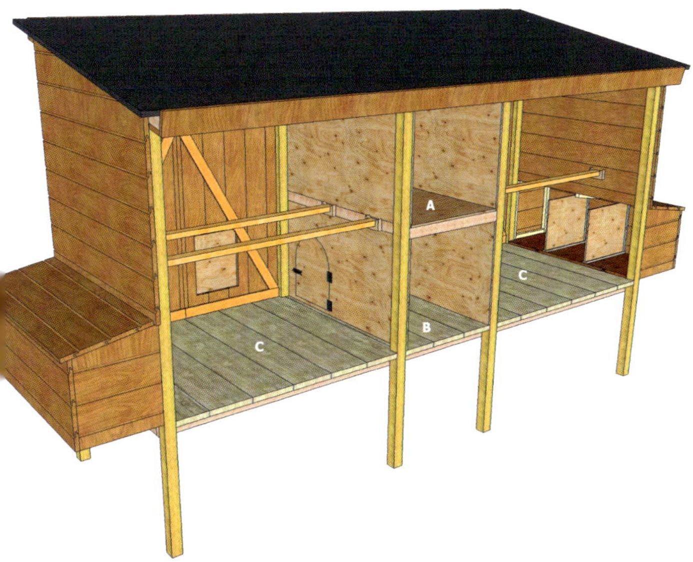

A
B
C
C

Vorwort

Hühnerställe in vielen Formen

Im Lexikon *Le Robert* steht zum Hühnerstall: „eine Unterkunft für Hühner oder anderes Geflügel“ oder auch „alle Hühner, die im selben Stall untergebracht sind“. In ländlichen Gebieten, aber auch in unseren Städten findet man mittlerweile eine enorme Vielfalt an Hühnerställen, die sich in Form, Größe und Funktionalität unterscheiden. So werden Autowracks, alte Kommoden und Schränke als Hühnerställe zu neuem Leben erweckt. Auch alte Gärten mit Bäumen, die das Geflügel bei Nacht aufsuchen kann, altertümliche Hühner- oder Schweineställe aus dem frühen 19. Jahrhundert mit ihren langen Hühnerleitern können der Hühnerhaltung dienen. Beim Schweinestall waren die Schweine ebenerdig, die Hühner in der erste Etage untergebracht. Damit aber ein Hühnerstall keine Gesundheitsrisiken birgt, gelten zwei Grundregeln: Die Tiere brauchen genügend Platz, Licht und Luft. Der Stall muss praktisch konzipiert sein – für die Hühner wie für den Halter.

Ideenreiche Geflügelzüchter

Bis Anfang der 1970er Jahre waren in Frankreich Hühnerställe genauso weit verbreitet wie Gemüsegärten. Es war üblich, mit den Hühnern des Nachbarn irgendwann seine eigene Zucht anzufangen. Das ist heute selten. Es gibt aber noch Geflügelzüchter, die gern bereit sind, ihr Wissen an andere weiterzugeben. Die in diesem Buch vorgestellten zwölf Stallmodelle sind allesamt in ganz Frankreich, der Bretagne und auf Korsika zu finden. Sie passen zu jeder Art der privaten Geflügelzucht, aber auch zum Profi. Vom kleinsten bis zum größten Modell bieten sie Platz für zwei bis zwanzig Hühner, und mehr, falls nötig. Alle orientieren sich am klassischen Hühnerhaus und erfüllen die häufigsten Ansprüche der Hühnerhalter.

Ein gutes Hühnerhaus sollte

- sich in einem kostengünstigen Rahmen bewegen.
- für den Heimwerker machbar sein.
- aus Materialien hergestellt sein, die der Umwelt angepasst sind (besonders dem Klima).
- über zahlreiche Schutzvorkehrungen verfügen (richtige Wahl der Eingänge, der Höhe, der Stärke des Drahtgitters ...).
- artgerecht eingerichtet sein (Fenster für ausreichend Licht, Legenester, Sitzstangen).

Es macht einfach Spaß, sich ein Hühnerhaus nach Wunsch zu bauen. Heute, wo alles immer noch schneller gehen muss, hilft Heimwerken dabei, runterzukommen und zu entschleunigen. Je weiter der Bau dann voranschreitet, umso öfter stellt man sich vor, welche Hühnerrassen darin wohnen, wie die Tiere in den ersten Tagen darauf reagieren, ob sie Hühnerleiter und Legenester auch nutzen werden ...

Es lohnt sich vorher, sich mit dem Leben auf einem Hühnerhof vertraut zu machen, das bestimmt ist von Sonnenauf- und -untergang, der Tageslänge und dem Wechsel der Jahreszeiten.

Die Hühner willkommen heißen

Vorsicht!

- *Bringen Sie am Hühnerhaus keine Nägel an, um etwa dort Schaufel oder Kehrbesen aufzuhängen: Streiten sich die Hühner, was bisweilen vorkommt, können sie sich daran verletzen.*
- *Zum Lagern von Materialien verwenden Sie am besten eine Kiste, die Sie so an einer Wand platzieren, dass kein Zwischenraum entsteht, wo ein Tier stecken bleiben könnte.*
- *Verwenden Sie keine Gitterroste, Bretter oder Böden, wo Hühner ihre Füße einklemmen können.*
- *Stellen Sie keine Futtervorräte oder -behälter ins Hühnergehege – das lockt Nager und andere Mitesser an.*

1 Stall
2 Voliere
3 Außengehege
4 Futterecke
5 Schattenplatz
6 Grasfläche
7 Sandbad
8 Kalziumversorgung
9 Absperrung gegen Scharren

1 Stall

Der Stall ist der Bereich, in dem die Hühner schlafen, Eier legen und brüten. Er muss zum Erdboden isoliert sein, damit keine Feuchtigkeit und Parasiten hineingelangen. An den Wänden zur Windschattenseite hin dürfen sich keine Öffnungen (außer zur leichten Belüftung) befinden, um jegliche Zugluft zu vermeiden. Dies verhindert außerdem, dass bei starkem Regen Wasser eindringen kann. Ein gutes Hühnerhaus hat folgende Merkmale:

- Sie haben eine angemessene Innenausstattung und ausreichend Fensterflächen, damit sich die Tiere wohlfühlen.
- Sie sind wegen der Hygiene leicht zu reinigen.
- Sie bietet Schutz gegen Raubtiere und Schlechtwetter.

Der Stall sollte einfach und funktional sein, sowohl im Sinne der Tiere als auch des Halters. Im Innenbereich genügen einfache Kisten als komfortable Legenester: Sie werden auf den Boden gestellt und mit Karton abgedeckt. Bringen Sie die Sitzstangen so an, dass man sie herausnehmen und die Einrichtung immer wieder verändern kann, bis Sie die beste Einteilung gefunden haben. Sind die Einrichtungen mobil, lässt sich der Stall leichter gründlich reinigen.
Vermeiden Sie Ecken und Nischen, wo sich Ungeziefer einnisten kann. Daher stellen Sie auch Legenester mit etwas Abstand zum Boden auf, außer bei Hühnerrassen, die kaum fliegen.

2 Voliere

In der Voliere kann man die Tiere auf einem begrenzten Raum halten und sie bietet Raum für die Aufzucht von zwei bis drei Zwerghühnern. Wenn sie direkt ans Außengehege anschließt, bietet sie einige Vorteile, wenn:

- der Besitzer einmal nicht anwesend ist
- die Tiere bei einer Vogelseuche wegen der Ansteckungsgefahr auf staatliche Anordnung hin eingesperrt werden müssen.

3 Außengehege

Diese Fläche steht den Hühnern tagsüber als Auslauf zur Verfügung. Wenn Sie für Ihre Tiere die völlige Freiheit ins Auge fassen, ist das Außengehege oft umzäunt. Paradoxerweise ist es so, dass je mehr flugfreudige Hühner Sie haben, desto höher die Umzäunung sein sollte. Man rechnet mit 1 m für schwere Rassen, 1,50 m für mittelgroße und mindestens 2 m für die kleinsten Hühnerrassen.

4 Futterecke

Hier stellt man den Tieren Getreide und Wasser zur Verfügung. Diese Ecke sollte sowohl vor Regen als auch Sonneneinstrahlung geschützt sein. Je nach Anzahl der Tiere sollten Sie mindestens zwei Futterstellen bereitstellen, damit auch die rangniederen Tiere zur gleichen Zeit das gleiche Futter aufnehmen können wie die dominanten Tiere.

5 Schattenplatz

Ein schattiges Plätzchen, wo sich die Hühner an heißen Sommertagen abkühlen können, ist absolut unverzichtbar.

6 Grasfläche

Wussten Sie, dass Hühnervögel große Mengen an Gras aufnehmen? Sie verbringen einen Großteil des Tages mit „Weiden“. Im Gras finden die Hühne auch Insekten, Würmer, Larven und andere Futtertiere, die sie für eine gesunde Ernährung brauchen. Leider sind Hühnervögel auch echte kleine Bulldozer, die eine Grasfläche in Nullkommanichts übel zurichten können. Damit das Gras also erhalten bleibt, müssen Sie Ihren Hühnern ausreichend Fläche zur Verfügung stellen: 15 bis 20 m² pro Tier für die großen Rassen und 5 bis 10 m² für kleine Hühner.

7 Sandbad

Ein überdachter Sandkasten ist erforderlich, wenn die Hühner im Gehege keine Möglichkeit haben, ein tägliches Staubbad zu nehmen, was gegen Parasiten hilft und der Pflege des Gefieders dient. Befüllen Sie den Sandkasten mit einer Mischung aus 50 % Erde + 25 % Sand + 25 % unbehandelter Holzasche.

8 Kalziumversorgung

Kalzium ist essenziell für die Bildung von Eierschalen und den Knochenbau. Sie können es (in kleinen Stückchen) ganzjährig zur freien Aufnahme bereitstellen:

- Grit und Futterkalk
- Algenkalk, zerstoßene Muschelschalen (Miesmuscheln, Austern, Jakobsmuscheln)
- Sepiaschalen.

9 Absperrung gegen Scharren

Hühner graben und scharren am liebsten unter Bäumen oder an anderen trockenen Erdstellen, oft auch direkt an der Umzäunung. Dadurch entstehen natürlich Mulden, durch die die Hühner entkommen oder Räuber eindringen können. Um solche „Erdarbeiten“ zu vermeiden, platziert man am unteren Ende des Zauns imprägnierte Rundstämme, Dachziegeln oder Steinplatten. Auf der Außenseite des Zaunses platziert, halten diese Absperrungen auch Raubtiere wie etwa Füchse oder Hunde ab, die sich gern darunter durchgraben.

Gewisse „Düfte“...

Wahrscheinlich haben Sie schon gehört, wie sich Menschen über die Geruchsbelästigung von Hühnerhöfen beschwert haben. Dies trifft nur im Fall mangelnder Hygiene im Hühnerstall zu. Tatsächlich ist es so, dass bei privater Hühnerhaltung mit rund einem Dutzend Tieren die tägliche Stallreinigung nicht mehr als fünf Minuten in Anspruch nimmt. Zur Sauberkeit trägt außerdem eine qualitativ gute Einstreu bei: Sie nimmt sehr schnell die Exkremente auf und lässt sie austrocknen. Empfehlenswert sind Hobelspäne mit kurzgeschnittenem Stroh.

Tipp

Um Muschelschalen mühelos zu zerkleinern, legen Sie sie 20 Minuten lang in den Backofen (Stufe 7 bzw. 200 °C).

Zwölf Hühnerställe nach Maß

Kriterien für den Bau:

- Wieviel Fläche soll den Hühnern zur Verfügung stehen?
- Wie viele Hühner wollen Sie maximal halten?
- Wieviel Budget haben Sie vorgesehen?
- Was ist mit den zur Verfügung stehenden Werkzeugen machbar?

▲ Zerlegbares Hühnerhäuschen, Seite 13

▲ Kleiner Stall mit Auslauf, Seite 23

▲ Raubtiersicherer Hühnerstall auf Stelzen, Seite 49

▲ Multifunktionsstall, Seite 57

Teibarer Hühnerstall, Seite 83 ▼

Hühnerstall für zwei Zuchtgruppen, Seite 95 ▼

- Für die Zucht mehrerer Rassen eignet sich ein kleiner bis mittelgroßer, aufteilbarer Stall.
- Für einen Legehennenbestand brauchen Sie einen größeren, praktisch angeordneten Stall.
- Sind Sie öfter abwesend, werden Sie Modelle mit Voliere bevorzugen.
- Wenn Sie das Gehege regelmäßig umsetzen möchten, ist ein mobiles Hühnerhaus die Lösung.

Lassen Sie sich von den 12 Modellen inspirieren oder bauen Sie Ihr Hühnerhaus nach eigener Fantasie.

▲ Hühnerhäuschen „Achteck", Seite 33

▲ Hühnerstall „Berghütte", Seite 41

▲ Hühnerhaus „Waldhütte", Seite 65

▲ Spezialstall für Legehennen, Seite 73

Großer Stall mit variierbarer Einrichtung, Seite 103 ▼

Großes Hühnerhaus mit Voliere, Seite 111 ▼

Zerlegbares Hühnerhäuschen

Kleine Ställe sind oft nicht sehr praktisch, wenn es um ihre Instandhaltung und Reinigung geht. Die Lösung dieses Problems kommt in Gestalt eines komplett zerlegbaren Hühnerstalles. Sein Dach kann abgenommen werden, sodass die jährliche Großreinigung ganz einfach wird. Die komplette Demontage des Stalls vereinfacht beispielsweise die Desinfizierung nach einem Befall mit der Roten Vogelmilbe oder die Nachbehandlung der Außenwände aus Holz nach einigen Jahren. Hinzu kommt, dass der zerlegbare Stall durch sein geringes Gewicht leicht zu transportieren ist.

IDEAL für alle, die hobbymäßig Zwerghühner in begrenzter Zahl halten wollen.

AUSREICHEND für bis zu 6 Zwerghühner bzw. 3 große Hühner

GRÖSSE: 0,80 m²

HANDWERKLICHE KENNTNISSE: ✱✱

KOSTEN: Um die 100 €
(ohne Mittel zur Holzbehandlung)

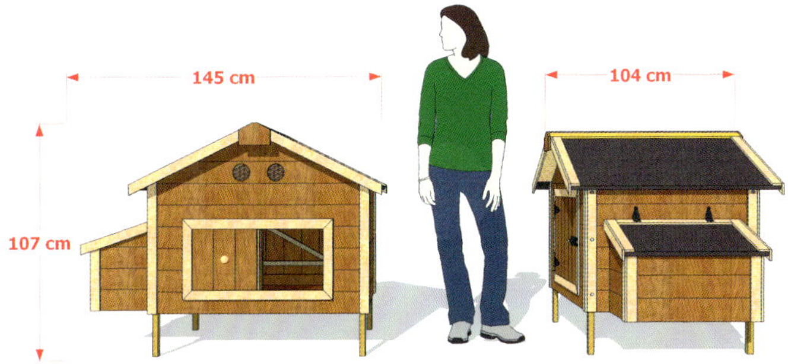

A Vorder- bzw. Rückwand des Stalls
B Seitenwände links und rechts
C Legenest
D Stallboden
E 2 Dachplatten
F Dachfirst

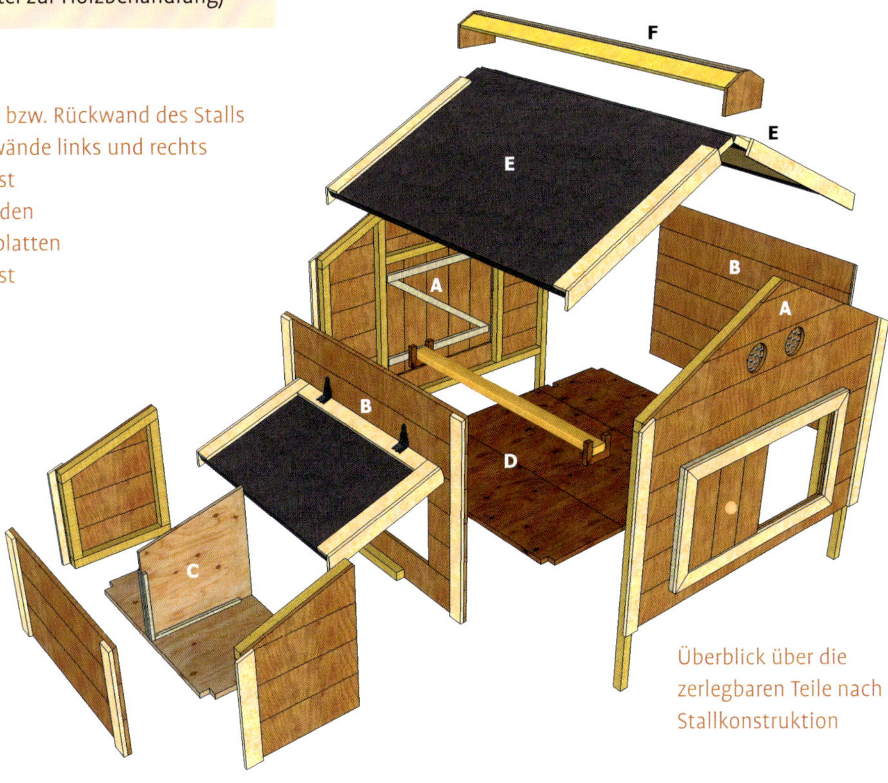

Überblick über die zerlegbaren Teile nach der Stallkonstruktion

Materialbedarf

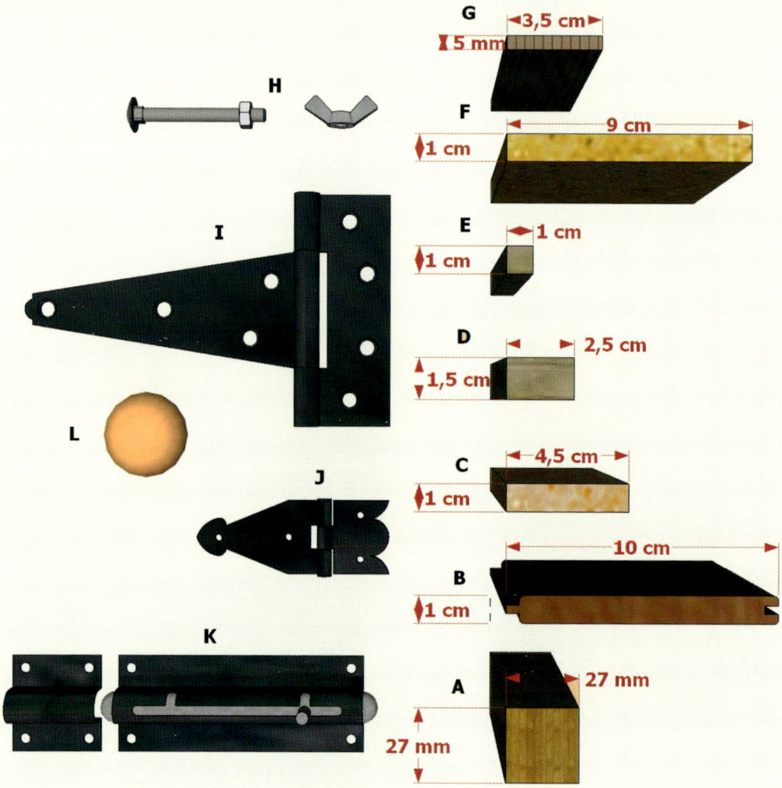

A Holzleisten [14 m]. Für vordere / hintere Rahmenkonstruktion, Rahmen der Seitenwände und Bodenverstärkung im Legenest.

B Wandverkleidung [29 m (3 m²)]. Für sämtliche Fassaden, Hintertür, vordere Klappe.

C Holzleisten [18 m]. Eckleisten, Umrandung Hintertür, Umrandung vordere Klappe, Verstärkungen.

D Holzleisten [6 m]. Schiene vordere Klappe, Verstärkung Hintertür.

E Holzleisten [90 cm]. Schiene für Trennwand Legenest.

F Holzleisten [42,05 m]. Dachfirst.

G Zierleiste [1,02 m]. Dachfirst.

H 20 Schrauben TRCC 60 mm + 4 Schrauben TRCC 80 mm + Flügelmuttern + Unterlegscheiben.

I 2 Türscharniere. Hintertür.

J 2 Scharniere. Dach Legenest.

K 1 Schieberiegel. Hintertür.

L 2 Türknöpfe. Vordere Klappe.

Hinzu kommt (möglichst genau berechnet):

- **imprägnierte Spanholzplatte** [1,70 m²]. Dach.
- **Teerpappe** [2,5 m²]. Dachbelag.
- **Furnierholz 10 mm** [1 m²]. Vordere Klappe, Boden und Abtrennung Legenest.
- **Furnierholz 16 mm** [1 m²]. Boden.

** Nägel, Schrauben und Bolzen werden nicht jedesmal in der Materialliste (siehe auch Seite 141) erwähnt, außer wenn sie zusätzlich nötig sind.*

Bauanleitung

Schritt 1: Zusammenbau der vorderen und hinteren Rahmenkonstruktion

Holzleisten (2,7 cm x 2,7 cm) mit Holzleim und Nägeln befestigen.

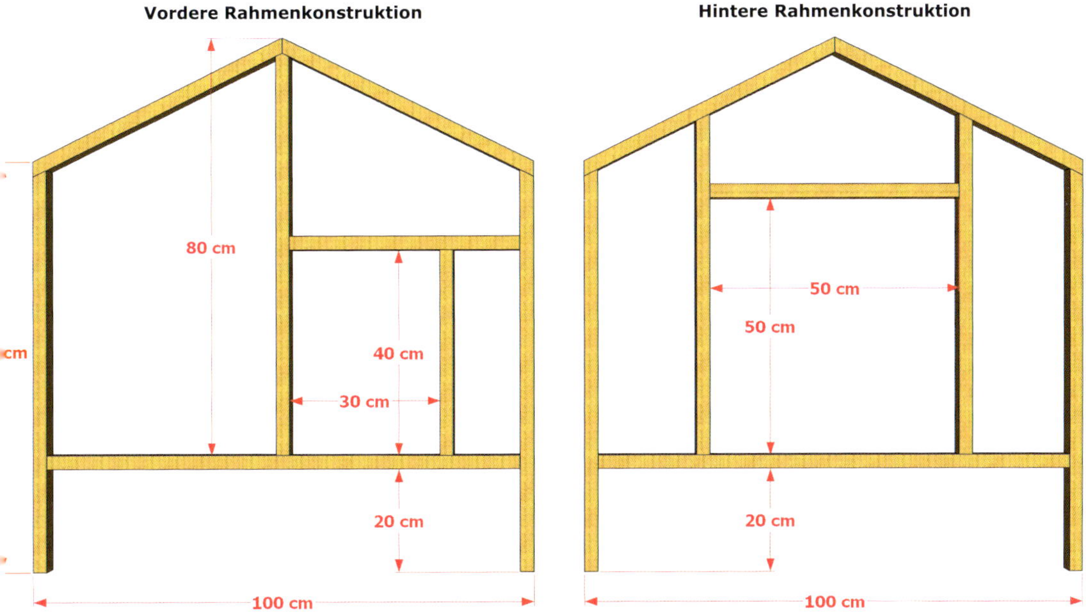

Schritt 2: Wandverkleidung an der Fassade anbringen

Die Montage der Fassade erfolgt, indem Sie jeweils die Wandverkleidung von hinten annageln (30 mm-Nägel).

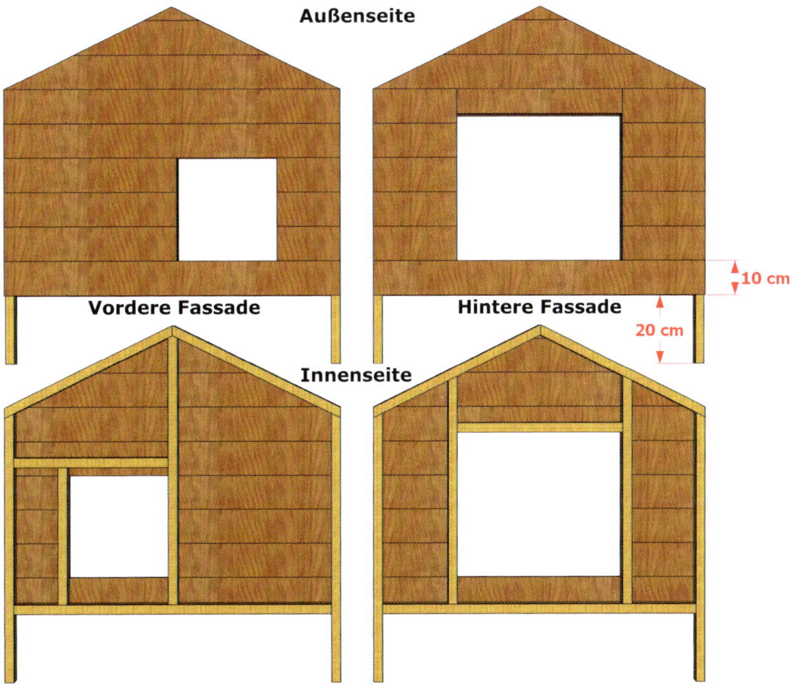

Tipp

Für mehr Festigkeit bei der Montage der Wandverkleidung kann zur Verstärkung PU-Klebstoff verwendet werden.

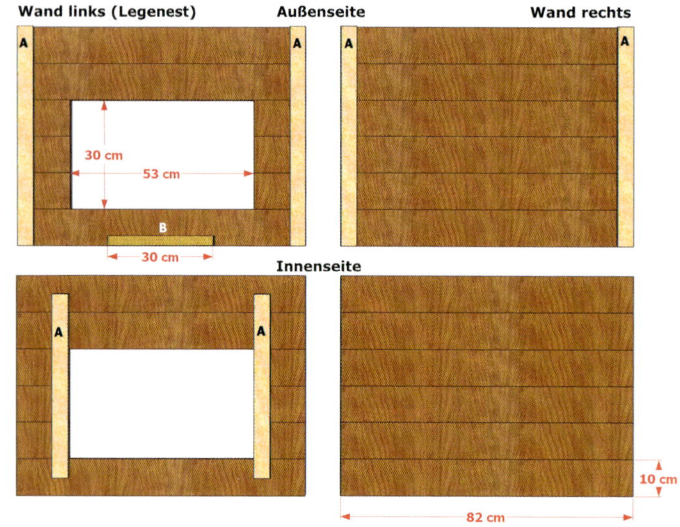

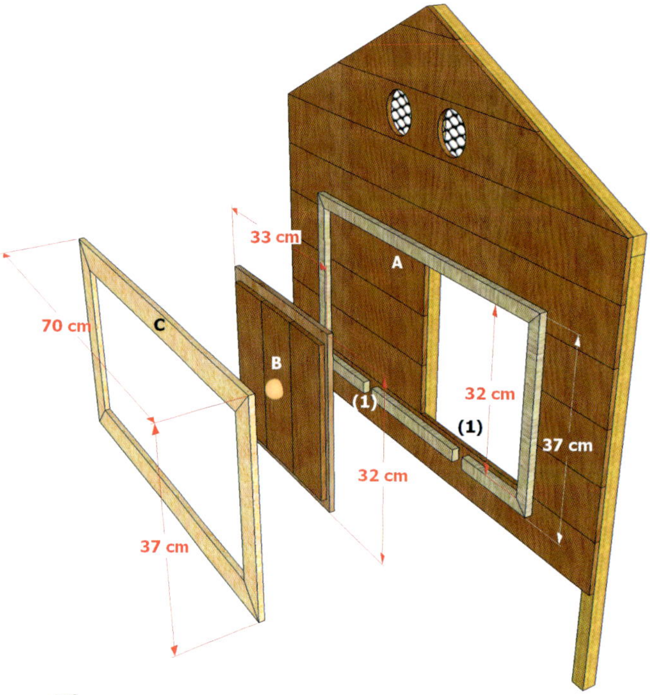

Schritt 3: Seitenwände zusammenbauen

Die rechte Wand ist am einfachsten zu montieren. Die 6 Wandverkleidungen aneinanderfügen, danach verleimen und die Verstärkungen **A** (4,5 cm x 1 cm) festnageln.
Die linke Wand wird ebenso montiert. Dann mit einer Stichsäge die zuvor aufgezeichnete Öffnung aussägen. An dieser Wand werden auf der Innenseite zusätzliche Verstärkungen **A** angebracht. Sie dienen der Befestigung der Seiten des Legenestes. Die kleine Verstärkung **B**, die an der Außenseite – unten in der Mitte – festgenagelt wird, dient als Auflage für den Legenestboden.

Schritt 4: Die vorderen Klappen einsetzen

Die kleinen Leisten (2,5 cm x 1,5 cm) auf die Fassade kleben und vernageln. 1 cm Abstand um die Öffnung lassen, sodass der Rahmen **A** entsteht, in dem sich die Klappe verschieben lässt. Klappe **B** besteht aus einer äußeren Furnierplatte und 3 Teilen verleimter Wandverkleidung. Zuerst wird nur die Furnierplatte in den Rahmen **A** eingesetzt. Die Leisten (4,5 cm x 1 cm) verleimen und vernageln, damit Rahmen **C** entsteht. Die Größe der Wandverkleidungen, die auf der Klappe verleimt werden, muss genauestens berechnet werden. Mit einer Kreissäge 2 Lüftungslöcher bohren und mit Maschendraht überziehen.

Tipp

*Über die Aussparungen in Rahmen **A** (1) können Wasser und angesammelter Schmutz abgeleitet werden. Sollte sich trotz allem auf der unteren Schiene Schmutz ansammeln, genügt es, sie mit einem flachen Schraubendreher leicht aufzurauen.*

Schritt 5: Die Hintertür montieren und einsetzen

Leisten verleimen und vernageln, damit Rahmen **A** über der Fassadenöffnung entsteht. Tür **B** zusammenbauen und befestigen.

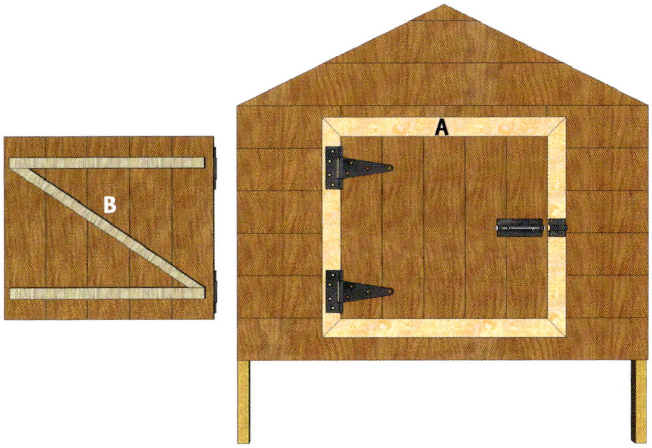

Schritt 6: Montage des Legenestes

Rahmen **A** mit den Leisten auf dieselbe Weise verbinden wie bei der vorderen und hinteren Rahmenkonstruktion. Danach die Wandverkleidung für die Außenseite mit Nägeln oder Leim befestigen. Die Rückwand **B** besteht aus 3 Teilen Wandverkleidung, die durch 2 Verstärkungen (4,5 cm x 1 cm) stabilisiert werden. Diese werden jeweils am äußeren Rand der Außenseite verleimt und vernagelt. Die Ecken der Bodenplatte **C** so ausschneiden, dass sie sich in das Unterteil der Rahmen **A** einpassen lässt.
Die Gleitschienen **D** und die Verstärkung **E** ankleben oder vernageln.

Bitte beachten!

Geben Sie Acht beim Annageln der Verstärkungsleiste ***E*** *und beim Verleimen der kleinen Gleitschienen* ***D****. Diese beiden Teile dürfen sich nicht berühren, da die Bodenplatte dazwischen hindurchführt* ***(1)****.*

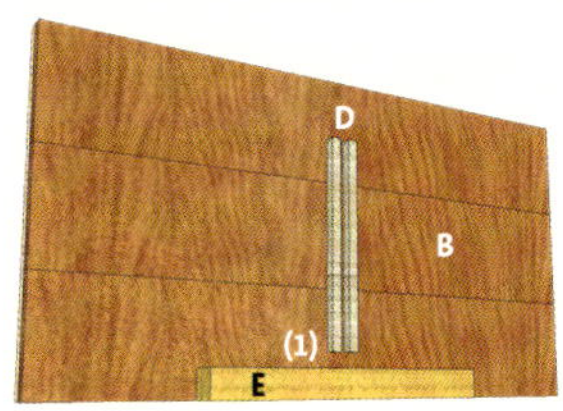

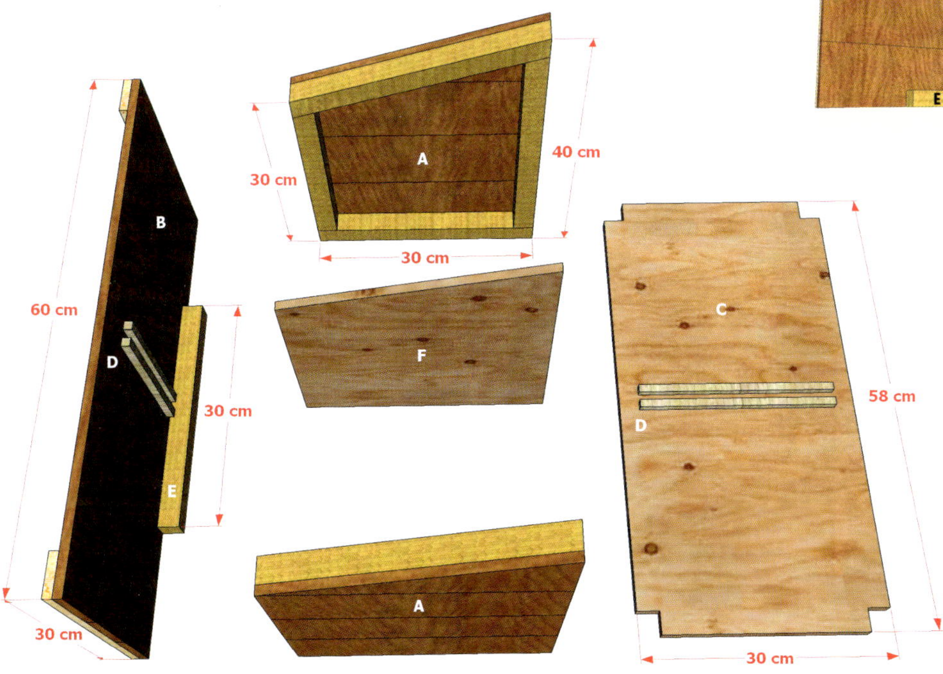

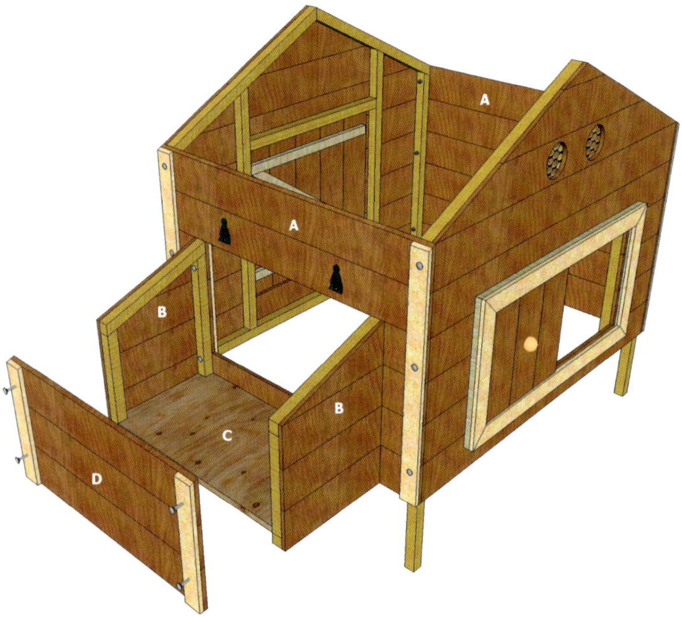

Schritt 7: Aufbau der Wände und des Legenestes

Die 2 Wände **A** mit Hilfe von Schraubzwingen mit den 2 Fassaden verbinden. Danach mit einem Stift die Stellen für die Schrauben TRCC (60 mm) markieren. Mit einer Bohrmaschine (6 mm) 3 Löcher an jeder Seite der beiden Fassaden bohren. Darauf achten, dass die Verbindung zwischen den Wandverkleidungen und die genagelten Stellen nicht durchbohrt werden.
Dann Schraubenmuttern platzieren und befestigen. Für die Anbringung der beiden Seitenwände **B** des Legenestes auf gleiche Weise vorgehen; dabei auf jeder Seite 2 TRCC-Schraubenmuttern verwenden. Bodenplatte **C** einfügen, danach Wand **D** ebenfalls mit 2 TRCC-Schraubenmuttern auf jeder Seite anschrauben.

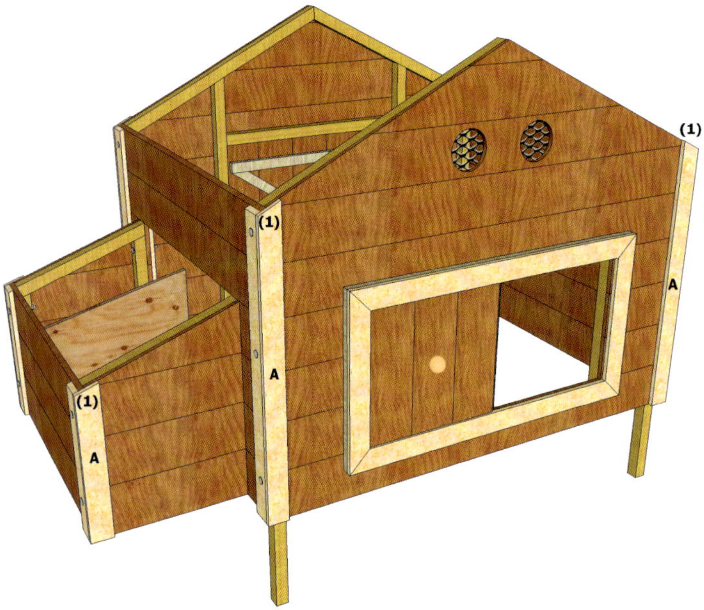

Schritt 8: Die Eckleisten an der Fassade anbringen

Vor dem Anbringen muss der Winkel **(1)** so angeglichen werden, dass die Dachneigung geradlinig verläuft. Das geschieht am einfachsten mit Hilfe eines Schwingschleifers. Danach die Eckleisten **A** (4,5 cm x 10 cm) anbringen.

Tipp

Die Eckleisten können verleimt und / oder angenagelt werden, jedoch ausschließlich auf den vorderen / hinteren Wänden (das Gleiche gilt fürs Legenest), damit der Hühnerstall zerlegbar bleibt.

Schritt 9: Dachkonstruktion

Man verwendet dafür eine 19 mm dicke Spanholzplatte, die mit Teerpappe überzogen ist. Wenn die beiden Dachflächen zugeschnitten und vorbereitet sind, wird eine Dachseite mit Hilfe von Schraubzwingen aufgebracht, um die richtige Platzierung festzulegen und Löcher **(1)** zu bohren (6 mm).

Dann die erste Dachfläche wieder entfernen und mit der zweiten auf dieselbe Weise verfahren.

Die 2 Dachflächen auf jeder Seite **(1)** mit 2 TRCC-Schrauben befestigen, um den Dachfirst anbringen zu können.

Innenansicht für die Platzierung der Schrauben

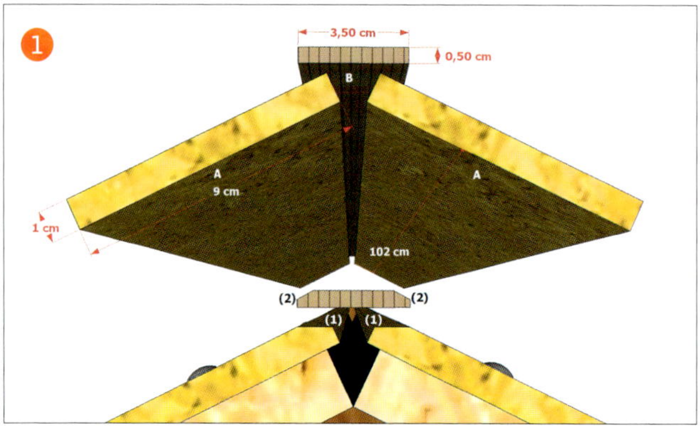

Schritt 10: Den Dachfirst aufbauen und befestigen

1 Der Dachfirst ist ein separates Teil, das mit Hilfe von 4 TRCC-Schrauben (80 mm) am Dach montiert wird. Fixieren Sie zuerst die 2 Bretter **A** mit Schraubzwingen, um sie richtig zu platzieren. Gehen Sie wie beim Dach vor – nämlich erst die eine, dann die andere Firsthälfte –, das erleichtert die korrekte Platzierung der Bohrlöcher (6 mm). Zum Schluss befestigen Sie den gesamten First mit den 4 Schrauben.
Egalisieren Sie die Ecken **(1)** mit einer Schleifmaschine oder einem Hobel, damit die Zierleiste **B** aufgelegt werden kann. Kleben Sie diese fest und befestigen Sie sie zusätzlich noch mit einigen kleinen Nägeln.

2 Die 4 Schrauben müssen Rahmen / Dach / First, zusammenhalten.

3 Der Seitenschutz an der Dachneigung wird mit kleinen Nägeln befestigt.

Bitte beachten!

Der Dachfirst ist ein zerbrechliches Teilstück und sollte bei der Demontage des Stalls stets vorsichtig behandelt werden.

Schritt 11: Eckleisten anbringen

Befestigen Sie zuerst die Leisten **A** (4,5 cm x 1 cm), danach die Leisten **B** mit Leim und Nägeln.

Schritt 12: Den Stallboden einlegen

Der Boden besteht aus 3 Furnierholzplatten von 16 mm Stärke. Jede Platte wird so zugeschnitten, dass sie auf den Leisten der vorderen/hinteren Rahmenkonstruktion korrekt aufliegt. So ist es sehr einfach, den Boden für Reinigungsarbeiten herauszunehmen und wieder einzupassen.

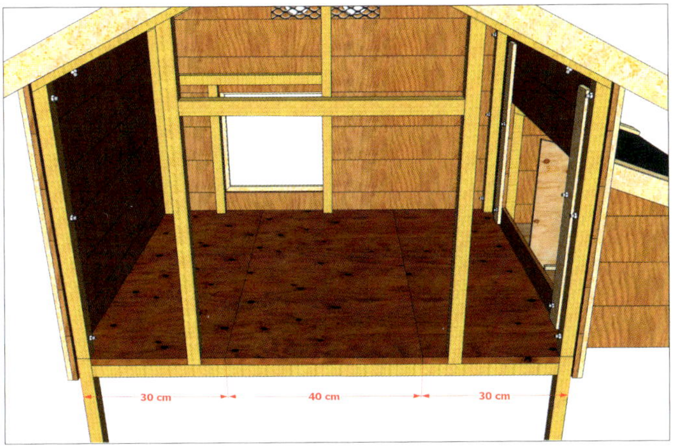

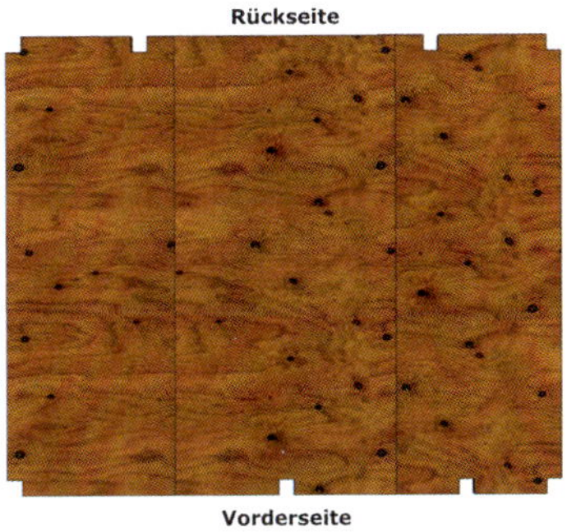

Die 3 Teile des Stallbodens von oben gesehen

Variante

Dieses Hühnerhausmodell ist zwar auch für große Rassen geeignet, war jedoch ursprünglich für Zwerghühner gedacht. Das sieht man auch an dem begrenzten Raum, der für die Sitzstange vorgesehen ist. Der Stall ist nicht gesichert und weder eine Voliere noch ein eingezäunter Auslauf sind vorgesehen. Dieses Problem können Sie aber mit relativ wenig zusätzlichem Aufwand beheben:

- Befestigen Sie die 3 Teile des Stallbodens mit je 2 TRCC-Schrauben.
- Befestigen Sie den Boden des Legenestes von unten mit 2 TRCC-Schrauben auf den Verstärkungsleisten.
- Sichern Sie das Dach des Legenestes mit einem passenden Riegel.
- Verriegeln Sie ebenfalls die Klappen.

Kleiner Stall mit Auslauf – für Hühner, die öfter umziehen

Dieser kleine Stall aus Holzpaneelen besitzt eine Mini-Voliere mit einer Fläche von ca. 2 m². Der Stall ist dennoch relativ leicht und kann von zwei Personen versetzt werden. Er eignet sich besonders für kleine Rassen. Das Häuschen ist leicht zu reinigen, da das Modell komplett zerlegbar ist.

IDEAL für eine kleine Gruppe Zwerghühner, die Sie nicht täglich ins Freie lassen können. Sie können den kleinen Stall ganz leicht umsetzen, um Ihren Tieren neue Bodenfläche zur Verfügung zu stellen. Sie können Ihre Hühner mit diesem Stall sogar in Urlaubspension geben, weil:

- das Hühnerhaus mit einer Voliere ausgestattet und somit unabhängig ist.
- das Modell in weniger als einer Stunde zerlegt und wieder aufgebaut werden kann.
- die einzelnen Elemente leicht zu transportieren sind.

Für einige Züchter ist es sicher auch von Vorteil, wenn sie bestimmte Zuchtgruppen von den übrigen Tieren abtrennen können, um Kreuzungen zu vermeiden.

AUSREICHEND für bis zu 6 Zwerghühner oder 3 große Hühner

GRÖSSE: 0,64 m² + Voliere 1,41 m²

HANDWERKLICHE KENNTNISSE: *

KOSTEN: ca. 300 €
(ohne Mittel zur Holzbehandlung)

A Vorder- und Rückseite des Stalls
B linke und rechte Gebäudeseite, sowie Rahmen, der die Voliere auf der linken Seite abschließt
C Legenest
D Stallboden
E Vorder- und Rückseite der Voliere
F rechte Seite der Voliere
G 2 Dachhälften
H Dachfirst

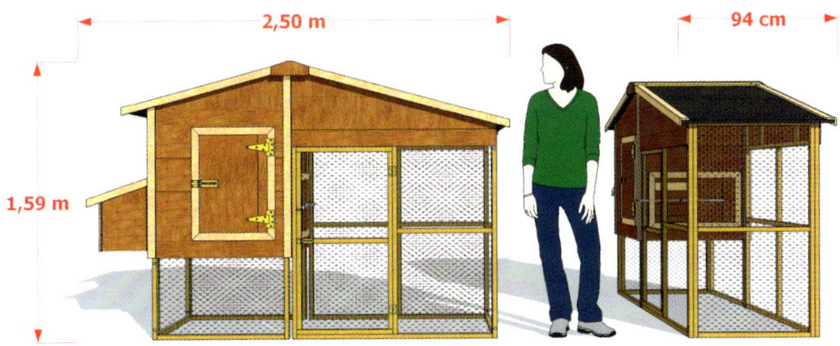

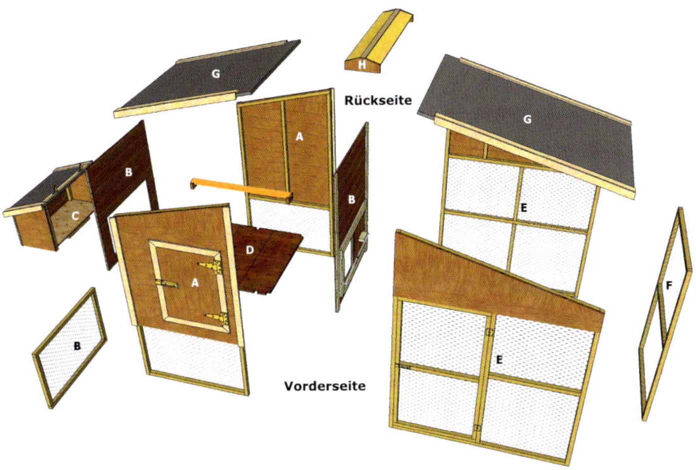

Überblick über die zerlegbaren Teile nach der Stallkonstruktion

Materialbedarf

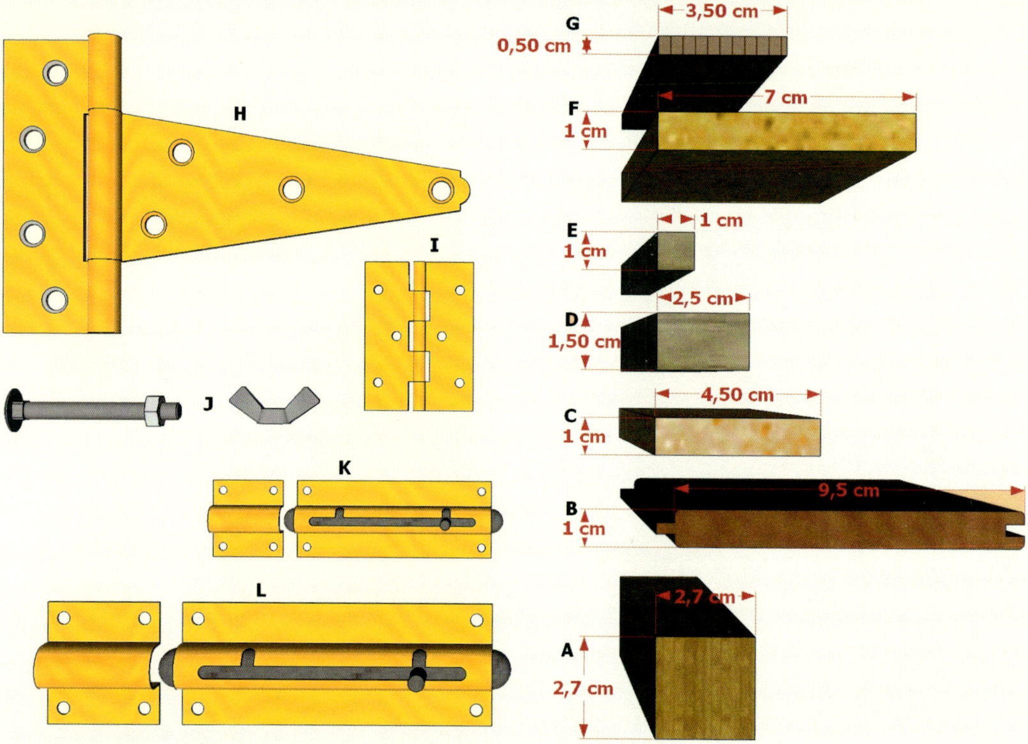

A **Holzleisten** [45 m]. Stallgebäude und Voliere, Rahmenkonstruktion Legenest, Tür.

B **Holzpaneele** [48 m (5 m²)]. Wände, Legenest, Tür.

C **Latten** [24 m]. Stütze Legenest, Tür, Klappe, Eckleisten.

D **Holzleisten** [3 m]. Klappe, Verstärkung Tür.

E **Zierleiste** [1 m]. Gleitschienen Legenest.

F **Latten** [2 m]. Dachfirst.

G **Zierleiste** [1 m]. Dachfirst.

H **2 große Scharniere**. Tür.

I **2 kleine Scharniere**. Tür Voliere.

J **28 TRCC-Schrauben 60 mm**, **6 TRCC-Schrauben 80 mm + 34 Flügelmuttern.**

K **1 kleiner Schieberiegel**. Tür Voliere.

L **1 Schieberiegel**. Tür.

Hinzu kommt (auf m² gerundet):

- Außenfurnierholz 16 mm [1 m²]. Bodenplatte.
- Außenfurnierholz 10 mm [1 m²]. Boden und Trennwand Legenest, Klappe.
- Imprägnierte Spanholzplatte 19 mm [3 m²]. Dach.
- Teerpappe [4 m²]. Dach.
- Maschendraht [4 m²].
- Gelenkstange aus Metall.

Bauanleitung

Schritt 1: Aufbau der Gebäudeteile

Bauen Sie mit den Leisten 2,7 x 2,7 cm mit Hilfe von Klebstoff und Nägeln die beiden Rahmenkonstruktionen auf und fügen Sie den Maschendraht ein.

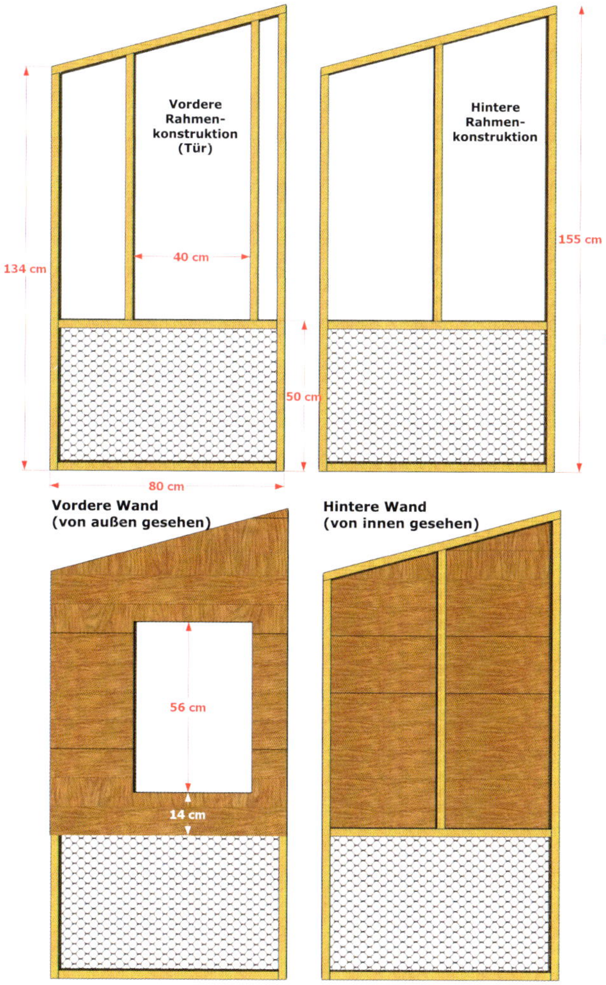

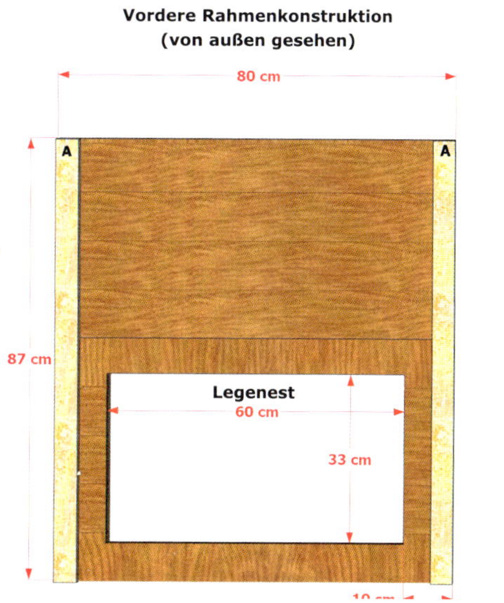

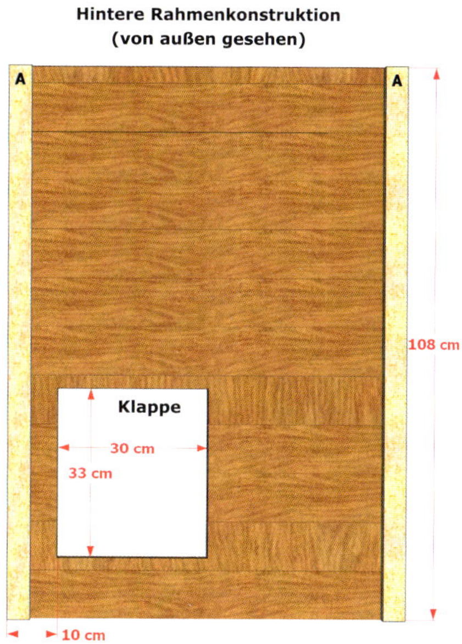

Nageln Sie die Wandverkleidungen an und schneiden Sie eine Öffnung für die Tür hinein. Montieren Sie die beiden Seitenwände. Die Holzpaneele werden untereinander verleimt, danach befestigen Sie die Latten **A** beidseitig mit Nägeln.

Schneiden Sie dann die Öffnungen für Legenest und Klappe heraus.

Schritt 2: Das Legenest aufbauen

Bauen sie die beiden Rahmen **A** zusammen und befestigen Sie darauf die Holzpaneele. Bauen Sie die Rückwand **B** auf die gleiche Weise zusammen wie die Seitenwände des Hühnerhauses. Verleimen Sie die Holzpaneele miteinander und nageln Sie zur Stabiliserung auf jeder Seite **(c)** eine Latte senkrecht auf die Außenfläche. Befestigen Sie die Hinterwand mit Hilfe von 2 TRCC-Schrauben **(1)** von beiden Seiten. Schneiden Sie den Boden aus Furnierholz 10 mm aus, damit er auf die beiden Rahmen **A** aufgelegt werden kann.

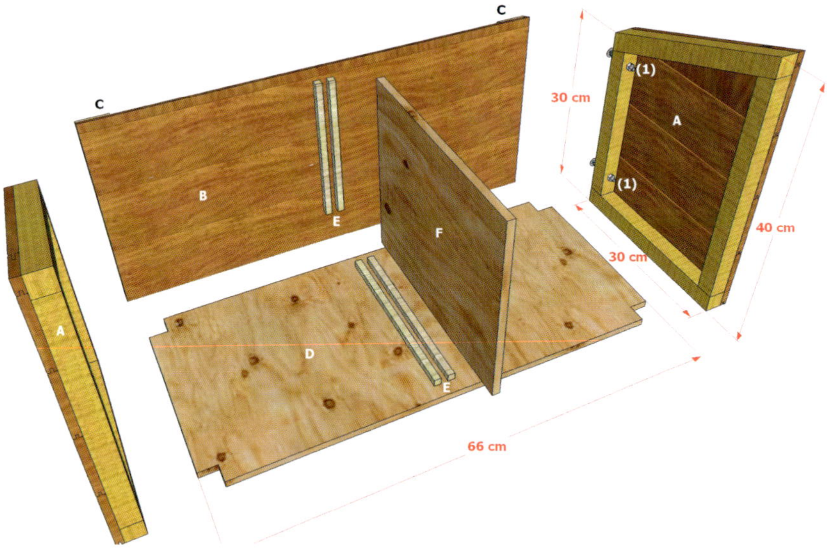

Kleben Sie die Schienen **E** auf, um die Trennwand **F** hineinschieben zu können.

Schritt 3: Legenest befestigen

Nageln Sie zwei Latten **A** auf die Innenseite der linken Legenestwand auf. Markieren Sie die Stellen für die Schrauben und befestigen Sie das Legenest mit 4 TRCC-Schrauben (1).

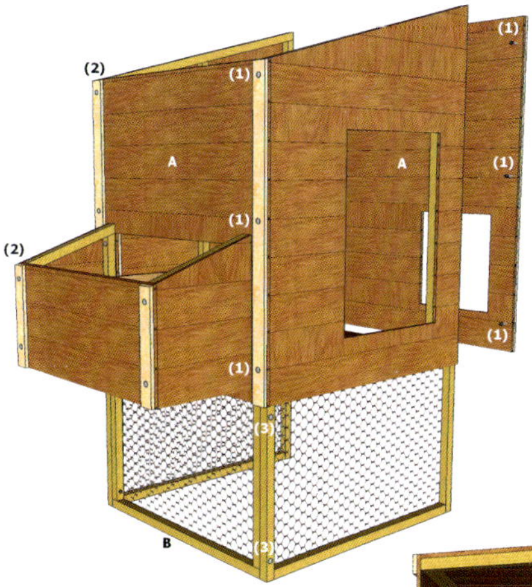

Schritt 4: Zusammenbau des Hühnerhauses

Befestigen Sie die 2 Wände **A** mit 3 TRCC-Schrauben auf jeder Seite **(1)** auf den beiden Rahmenkonstruktionen. Markieren Sie zuerst die Stellen für die Schrauben, bevor Sie diese anschrauben.
Überprüfen Sie die Winkel für das Dach **(2)**. Berechnen Sie nun die Größe des Maschendrahtrahmens **B**, der mit 4 TRCC-Schrauben **(3)** am Haus befestigt wird.

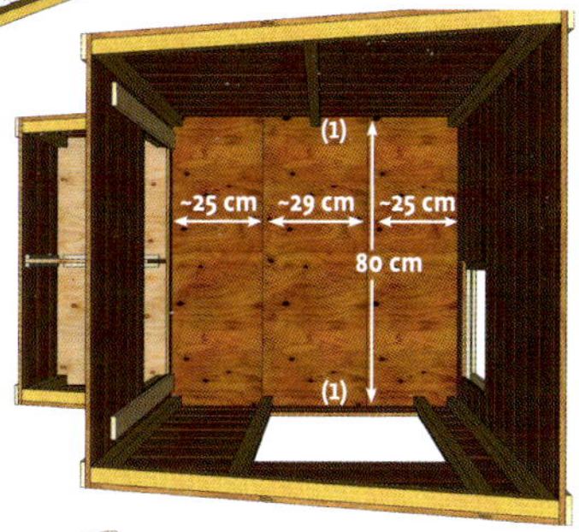

Der Stallboden besteht aus 3 Furnierholzplatten von 16 mm Stärke. Schneiden Sie die Platten so zu, dass sie auf der vorderen und hinteren Rahmenkonstruktion aufliegen **(1)**.

Schritt 5: Tür und Klappe einbauen

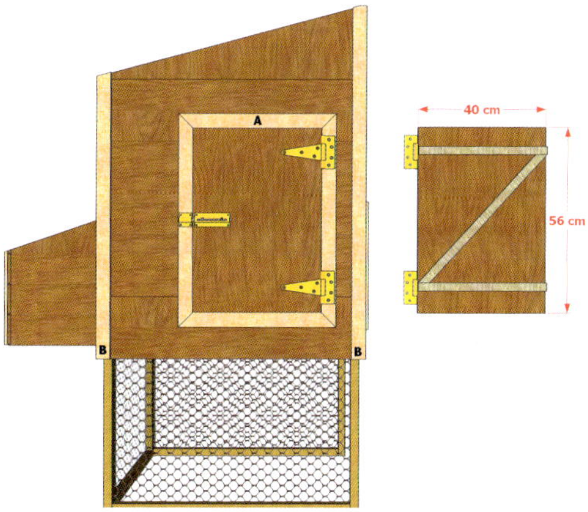

Befestigen Sie den Verstärkungsrahmen **A** mit Klebstoff und Nägeln. Bauen Sie die Tür mit der dazugehörigen, z-förmigen Verstärkung zusammen und bauen Sie sie ein. Vervollständigen Sie die Eckleisten der Fassade **B** vorne und hinten.

Befestigen Sie den Rahmen **A** (Leisten 25 x 15 mm) mit Klebstoff und Nägeln und lassen Sie dabei einen Abstand von 1 cm um die Öffnung.
Fügen Sie die Klappe **B** ein und befestigen Sie den Rahmen **C** mit Klebstoff und Nägeln auf Rahmen **A**. Zum Schluss kleben Sie die Holzpaneele **D** auf.

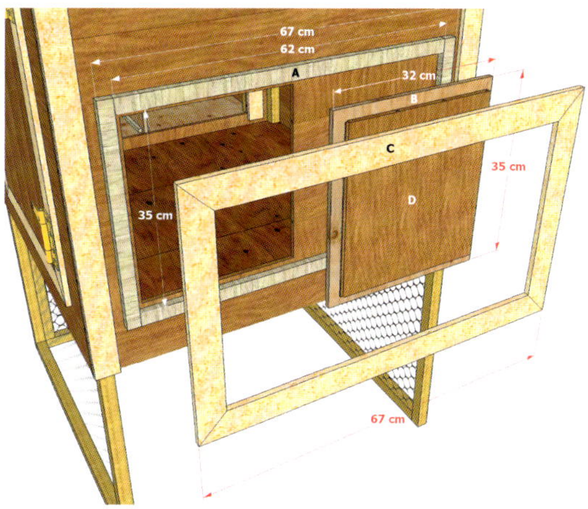

Bitte beachten!

Nageln Sie die Eckleisten nur auf die vordere und hintere Fläche auf, damit das Ganze zerlegbar bleibt.

Schritt 6: Volierenteile zusammenbauen

Bauen Sie die vorderen, hinteren und rechtsseitigen Rahmenkonstruktionen wie das Gebäudeteil zusammen. Der Zusammenbau erfolgt mit Verblattung **(1)** sowie einer Winkelanpassung **(2)**. Bringen Sie an der Außenseite der 2 Rahmenkonstruktionen oben die Holzpaneele **(3)** an und montieren Sie den Maschendraht.

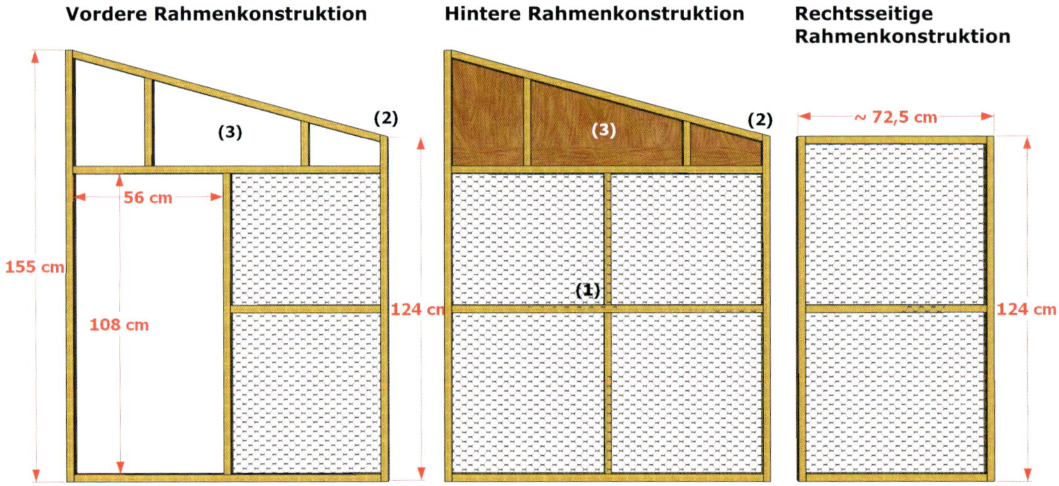

Schritt 7: Aufbau von Gebäude und Voliere

Markieren Sie die Stellen für die Schrauben. Montieren Sie die vordere und hintere Rahmenkonstruktion beidseitig mit 3 TRCC-Schrauben (80 mm) ans Gebäude **(1)**. Befestigen Sie danach die rechtsseitige Rahmenkonstruktion beidseitig mit 2 TRCC-Schrauben **(2)**.

Schritt 8: Volierentür und Klappenöffnung einbauen

Fügen Sie in die Leiste an der Rahmenkonstruktion vor der Voliere **(1)** eine Vertiefung ein, damit die Gelenkstange hindurchgleiten kann. Passen Sie die Gelenkstange an die Klappe an und überzeugen Sie sich, dass das System funktioniert, bevor Sie die Gelenkstange befestigen.

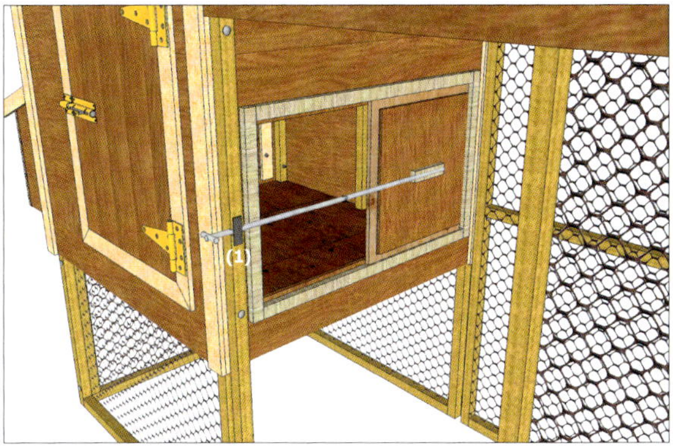

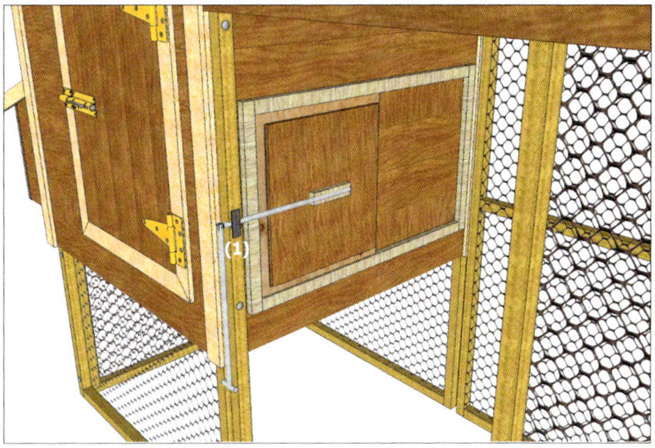

Montieren und befestigen Sie die Volierentür, und setzen Sie danach den Maschendraht ein.

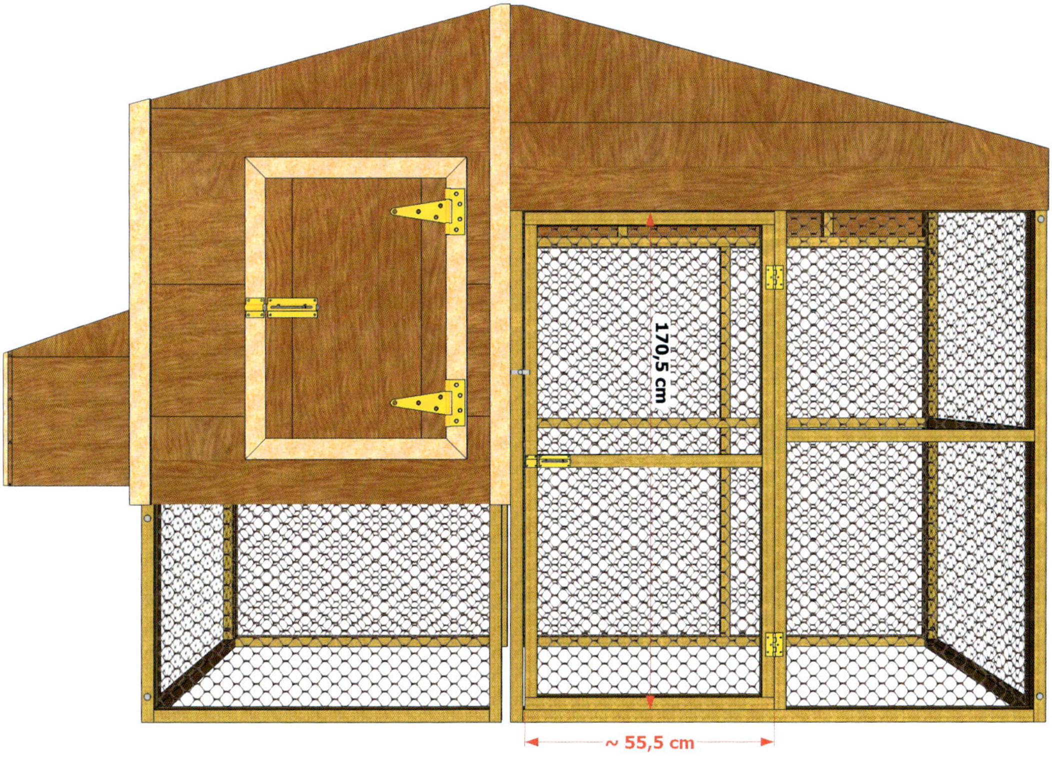

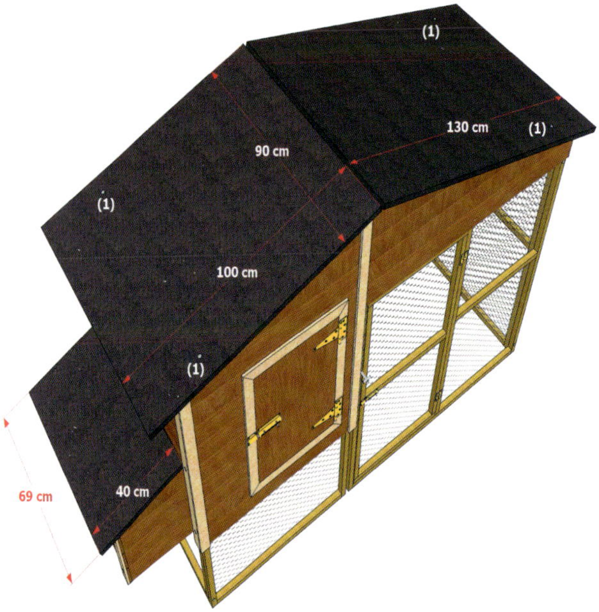

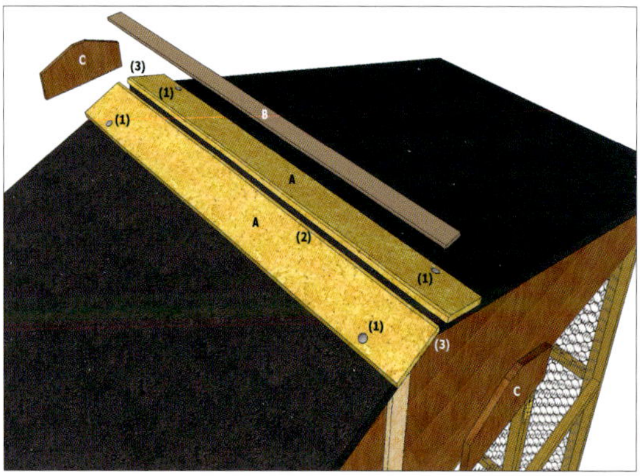

Schritt 9: Aufbau des Daches

Schneiden Sie die Dachplatten zu und befestigen Sie darauf die Teerpappe. Markieren Sie die Stellen **(1)**, an denen das gesamte Dach befestigt werden soll.

Schritt 10: Den Dachfirst anbringen

Legen Sie die 2 Latten **A** flach auf das Dach auf und markieren Sie dann die Stellen für die TRCC-Schrauben **(1)**. Flachen Sie die Oberkanten der Latten **(2)** mit einem Schwingschleifer ab, damit die Latte **B** auf einer horizontalen Oberfläche aufliegt. Befestigen Sie Latte **B** mit Klebstoff und Nägeln auf den Latten **A**. Achten Sie darauf, dass das Ganze unabhängig vom Dach bleibt. Befestigen Sie die Abdeckungen **C** mit Nägeln am Rand der Latten **A**.

Bitte beachten!

Die Latten stehen auf jeder Seite **(3)** *1 cm über. Sie dürfen nicht am Dach festgenagelt oder angeklebt werden.*

Schritt 11: Eckleisten befestigen

Befestigen Sie zuerst die Eckleisten **A**, danach die Eckleisten **B** mit Klebstoff und Nägeln. Befestigen Sie das Dach des Legenestes mit seinen Scharnieren.

Inneneinrichtung

Eine Sitzstange – bzw. zwei für Zwerghühner –, die quer durch den Innenbereich verläuft, findet leicht Platz. Für die Klappe benötigen Sie noch eine Hühnerleiter.

Variante: So ziehen Sie mit Ihren Hühnern ganz leicht um

Dieses Hühnerhausmodell eignet sich vor allem für eine einfache Ausstattung, die Ihnen die Pflege leicht macht. Bauen Sie einen stabilen Rahmen, der so groß ist wie die Bodenfläche von Hühnerhaus und Voliere. Der Rahmen wird unter dem Legenest um ca. 30 cm verlängert **(1)**, damit Sie dort eine Achse mit 2 Rädern befestigen können. Die Räder müssen klein sein, damit das Hühnerhaus nicht schief steht, wenn es nicht bewegt wird.

Befestigen Sie das Hühnerhaus mit mindestens 8 TRCC-Schrauben auf dem Rahmen. Bringen Sie am äußeren Ende der Voliere zwei Tragegriffe an **(1)**.
Jetzt können Sie Ihr Hühnerhaus wie eine Schubkarre vor sich herfahren!

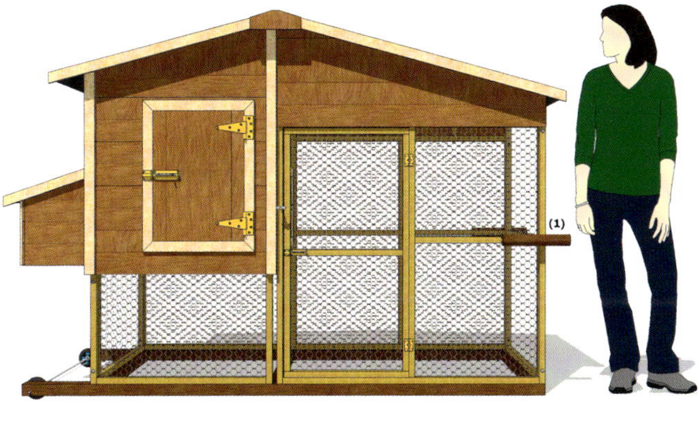

Hühnerhäuschen „Achteck“

Dieses kleine Hühnerhaus fügt sich als Blickfang perfekt in einen schönen Garten ein. Seine außergewöhnliche Form erfordert, dass die einzelnen Teile mit exakten Winkeln zugeschnitten werden. Es ist äußerst empfehlenswert, dafür eine Tischkreissäge zu verwenden. Die Erfahrung zeigt oft, dass eine komplexe Formgebung häufig zu Lasten der Funktionalität geht – nicht so bei diesem Modell, das leicht zu reinigen ist und sich für alle Hühnerrassen eignet.

IDEAL für alle, die ihren Ziergarten um ein handwerklich schönes Stück bereichern wollen.

AUSREICHEND für 4 große bzw. 8 Zwerghühner

GRÖSSE: 1,25 m²

HANDWERKLICHE KENNTNISSE:
*****

KOSTEN: um die 300 €
(ohne Mittel zur Holzbehandlung)

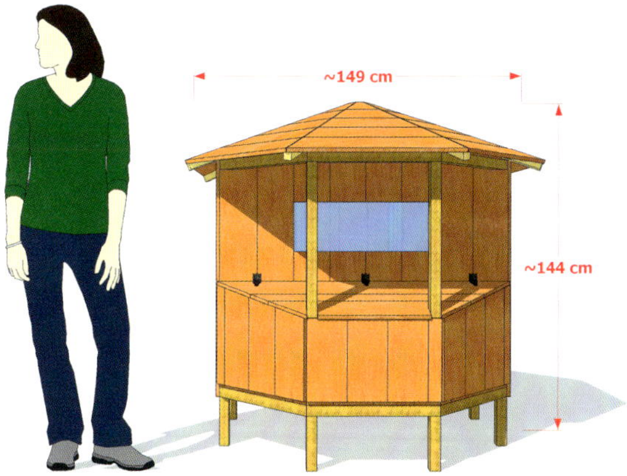

Materialbedarf

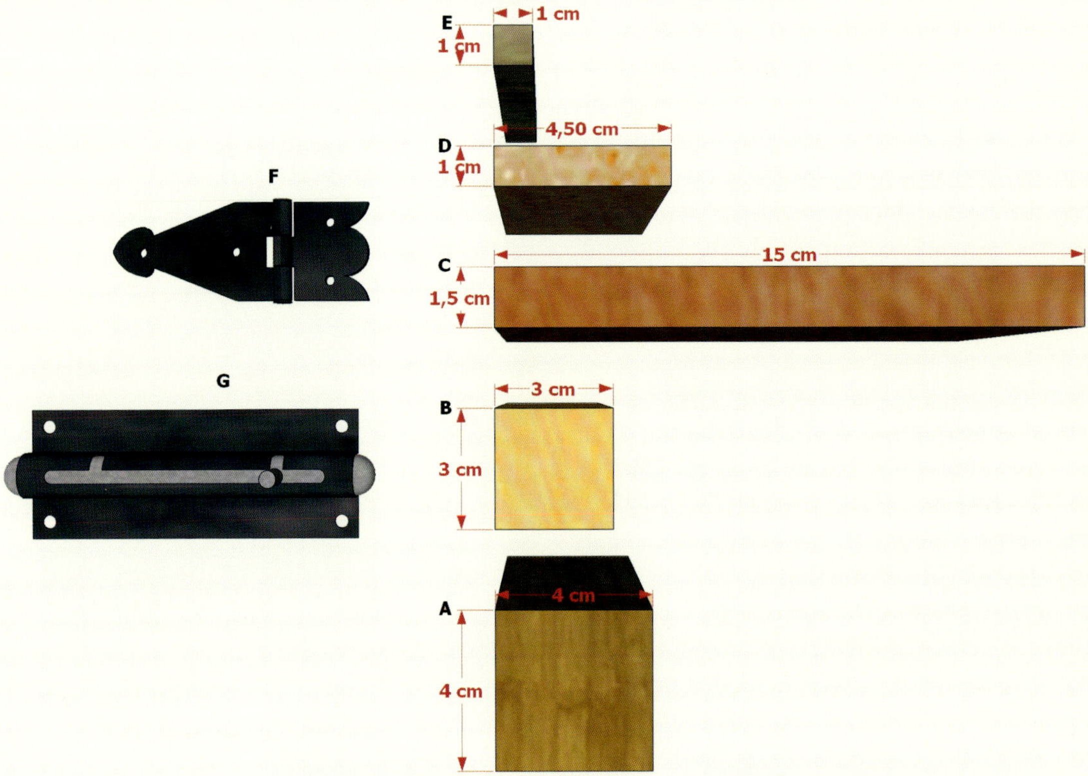

A **Leisten** [33 m].Rahmengerüst.
B **Leisten** [11 m]. Stütze Fenster, Dachgebälk.
C **Bretter** [50 m (7,5 m²)]. Wände, Boden, Dach, Gleitschienen für die Klappe.
D **Latten** [2 m]. Verstärkung Fenster.
E **Zierleiste** [1,5 m]. Gleitschienen für die Klappe.
F **6 kleine Scharniere**. Dach des Legenestes, Hintertür.
G **1 Schieberiegel**.

Hinzu kommt (gerundet auf ½ m²):

- Außenfurnierholz 16 mm [0,5 m²]. Trennwände Legenest, Klappe.
- Bitumenschindeln [2 m²]. Dach.
- Glasscheibe oder Plexiglas [60 x 20 cm]. Fenster.

Bauanleitung

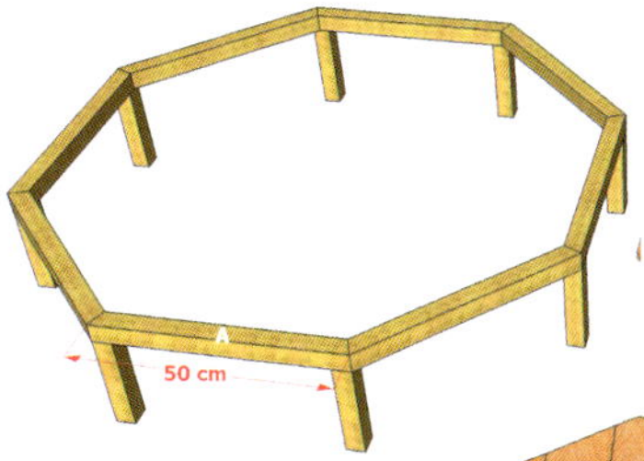

Schritt 1: Den Boden aufbauen

Beginnen Sie mit dem Aufbau des Achtecks. Die Teile **A** sind alle gleich und werden in einem Winkel von 45° zueinander zusammengebaut. Bringen Sie die 8 Füße an und nageln Sie den Boden fest.

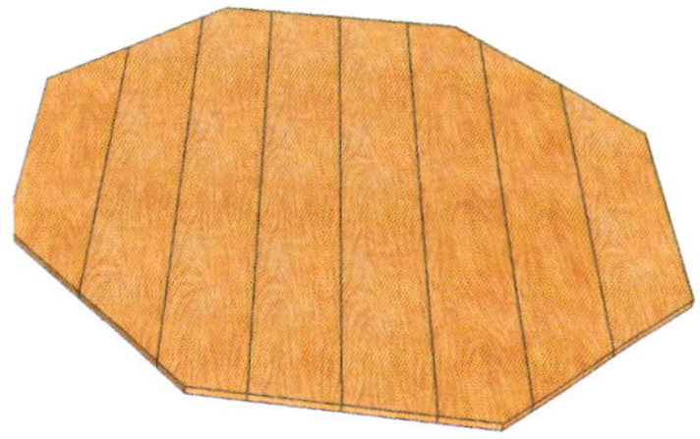

Schritt 2: Das Holzgerüst zusammenbauen

Bauen Sie zuerst den großen, danach den kleinen, innenliegenden Rahmen auf. Anmerkung: Die Maßangaben mit Dezimalstellen sind auf die achteckige Form zurückzuführen.

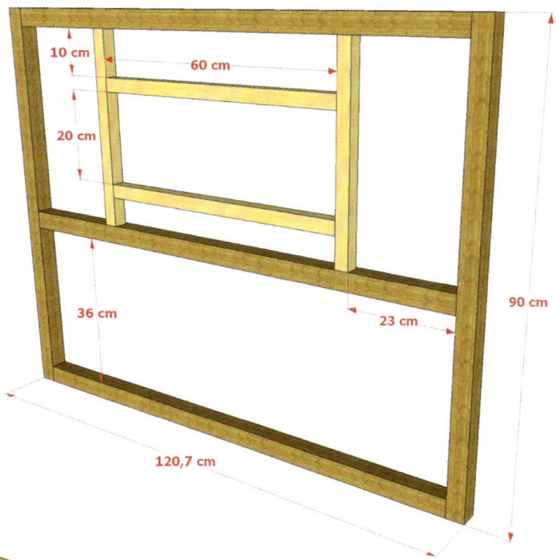

Nageln Sie die Vorderwand an und lassen Sie an der äußeren Spitze **(1)** eine Aussparung von 4 x 8 cm. Befestigen Sie den großen Rahmen wie auf der Zeichnung gezeigt.

Befestigen Sie die Einheit **A** unten und oben an dem Holzgerüst (die Montage ist in beiden Fällen gleich).

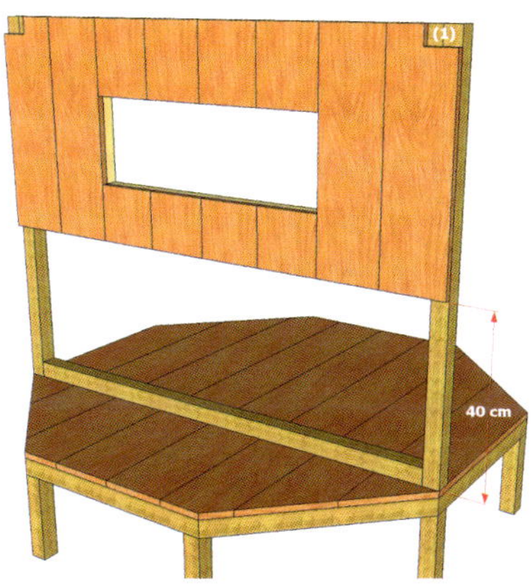

So sollte das Teil **D** aussehen, damit es sich optimal einpassen lässt. Die Länge beträgt 51 cm.

Verstärken Sie die beiden Einheiten **A** mit den Leisten **B** und **C**.

Die beiden Teile **D** stehen in einem Winkel von 45° (auf horizontaler Ebene) und sind nach vorne geneigt, um die Leiste **C** am unteren Ende der Vorderwand zu stützen. Sie erfordern daher viel Sorgfalt bei ihrer Herstellung.

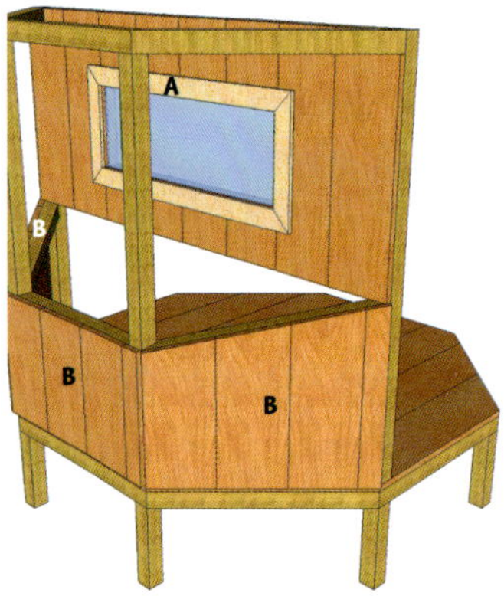

Schritt 3: Aufstellen der Wände

Stellen Sie die Vorderwand fertig, indem Sie die Außenverstärkung **A** und die Fensterscheibe einsetzen. Befestigen Sie die 3 Vorderfronten **B** des Legenestes mit Nägeln.

Im Prinzip stellen Sie 5 einzelne Rahmenkonstruktionen her, die dann zusammen montiert werden. Die 2 Rahmen **A** sind identisch. Das Gleiche gilt für die 2 Rahmen **B**. Rahmen **C** ist etwas kleiner, mit einer Öffnung für die Klappe.

Bauen Sie die Rahmen zusammen und befestigen Sie die Wände mit Nägeln. Die Leisten werden von der Hinterseite in einem Winkel von 22,5° (d.h. die Hälfte von 45°) abgeschrägt. Dadurch, dass die Bretter überstehen, lässt sich die Rahmenkonstruktion auf Höhe des Vorderfrontrahmens **(2)** und des achteckigen Bodenrahmens befestigen. Befestigen Sie gleich danach die Auflagen für die Sitzstange **(4)**.

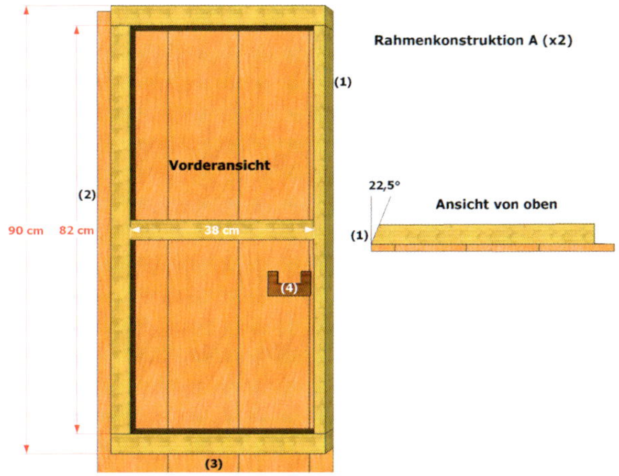

Die Rahmenkonstruktionen **B** und **C** werden von zwei Seiten abgeschrägt (22,5°).

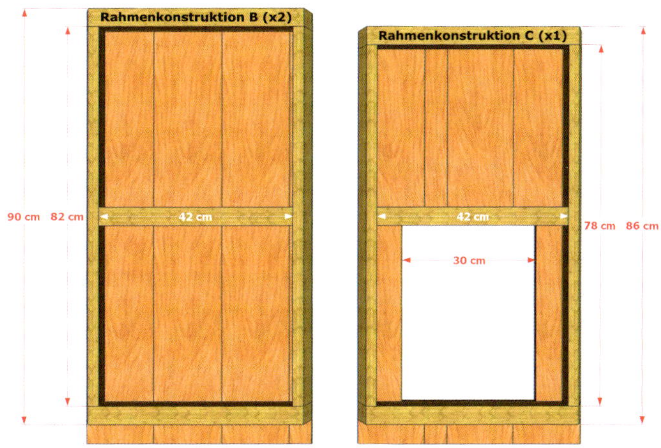

Befestigen Sie zuerst die Platte **A** und schrauben Sie dann Platte **B** an. Gehen Sie auf der gegenüberliegenden Seite gleichermaßen vor.

Durch die Wände und Leiste **A** wird das Achteck von oben her fertiggestellt. Bringen Sie die letzte Rahmenkonstruktion **C** wie eine Tür mit Hilfe von Scharnieren an.

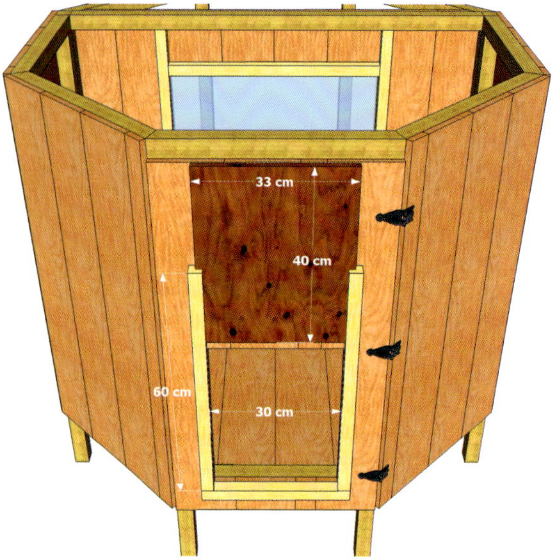

Schritt 4: Klappe einbauen

Bauen Sie die Klappe ein (Verriegelungssystem der Klappe, siehe Seite 115).

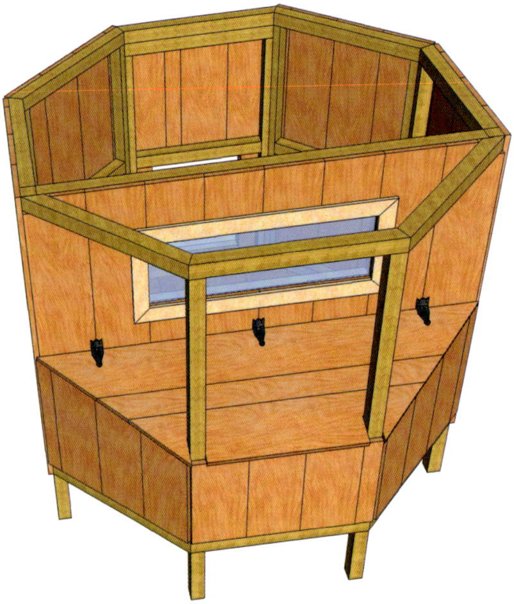

Schritt 5: Ausstattung des Legenestes

Bauen Sie die Abdeckung des Legenestes zusammen und befestigen Sie es. Passen Sie die Aussparung an, damit die beiden vertikalen Leisten vorne hindurchgeführt werden können.

Das Legenest wird durch eine Trennwand aus Furnierholz, die zwischen zwei Gleitschienen verläuft, in zwei gleiche Abteile unterteilt. Die eingebaute Sitzstange ist ebenfalls zu sehen.

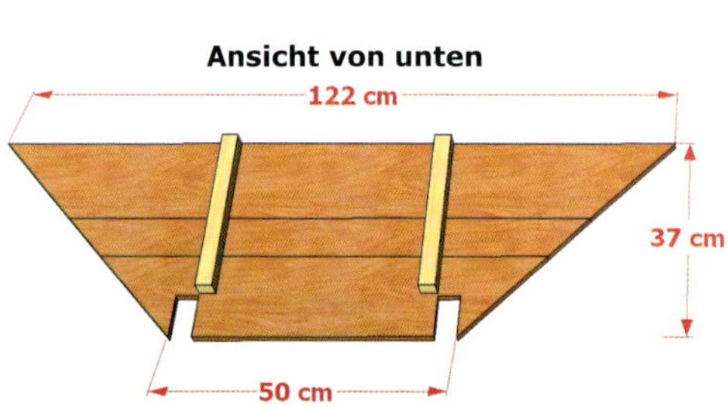

Schritt 6: Dach zusammenbauen und auflegen

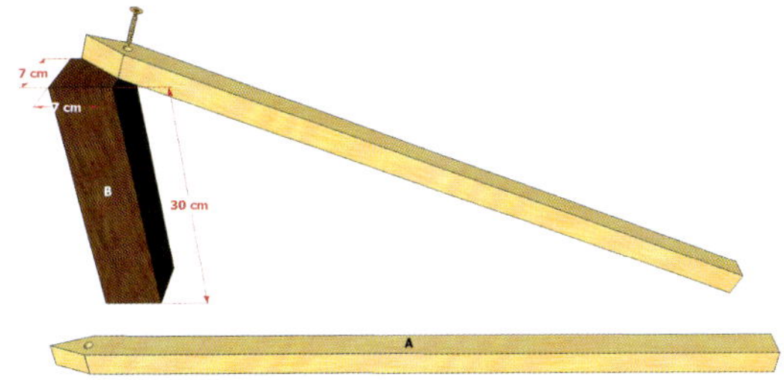

Aus den Leisten [33 mm] stellen Sie 8 Zierleisten **A** her, die auf einer Seite abgeschrägt sind. Nehmen Sie den Holzblock **B** als Richtmaß, um den Neigungswinkel des Dachs festzulegen und um die angebohrten Zierleisten dort anzuschrauben.

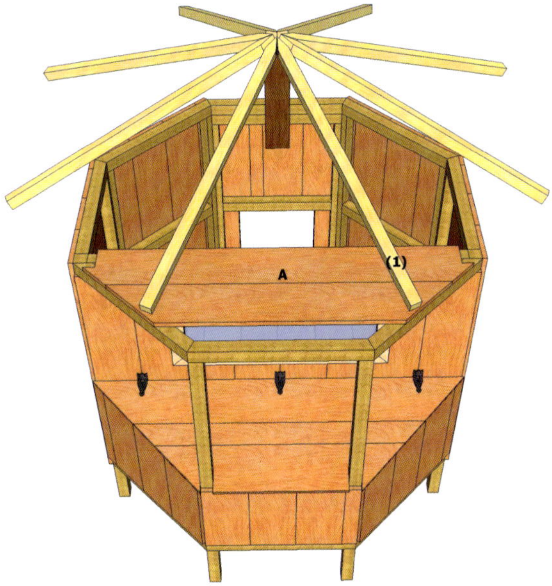

Wenn Sie die 8 Zierleisten in einem Winkel von 45° zueinander befestigt haben, erhalten Sie eine „Schirmform“, die wiederum mit der Gebäudestruktur verschraubt wird. Bevor Sie das Dach befestigen, dichten Sie die Abdeckung **A** ab, damit möglichst wenig Zugluft in diesen Bereich gelangen kann. Legen Sie den „Schirm“ auf, versehen Sie die Zierleisten am äußeren Ende **(1)** mit Bohrlöchern und schrauben Sie sie fest.

Decken Sie jeden Dachabschnitt mit Holzplatten ab, die Sie mit sehr feinen Nägeln befestigen. Bedingt durch die Dachform ist hier die Verwendung von Bitumenschindeln einfacher als die von Bitumenbahnen.

Hühnerstall „Berghütte“

Dieser Stall eignet sich für alle Hühnerrassen – ob groß oder klein. Da dieses Modell in Bergregionen Verwendung findet, muss es Wind, Regen und Schneefall standhalten können. Die Rückwand besitzt keine Öffnung und ist gegen den Wind platziert. An der Vorderseite wird das Legenest durch ein Vordach geschützt, damit kein Wasser eindringen und kein Schnee darauf liegen bleiben kann. Die große Tür und der zerlegbare Boden machen seine Reinigung sehr leicht.

IDEAL für jede Art der Zucht.

AUSREICHEND für höchstens 10 nicht zu große Hühner

GRÖSSE: 1,20 m²

HANDWERKLICHE KENNTNISSE: ***

KOSTEN: um die 450 € (ohne Mittel zur Holzbehandlung)

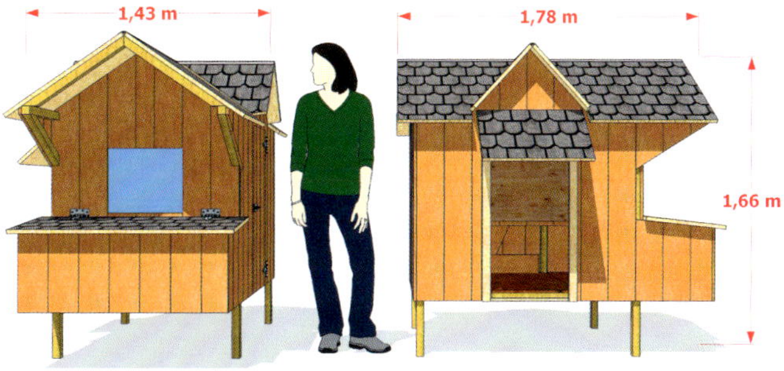

Materialbedarf

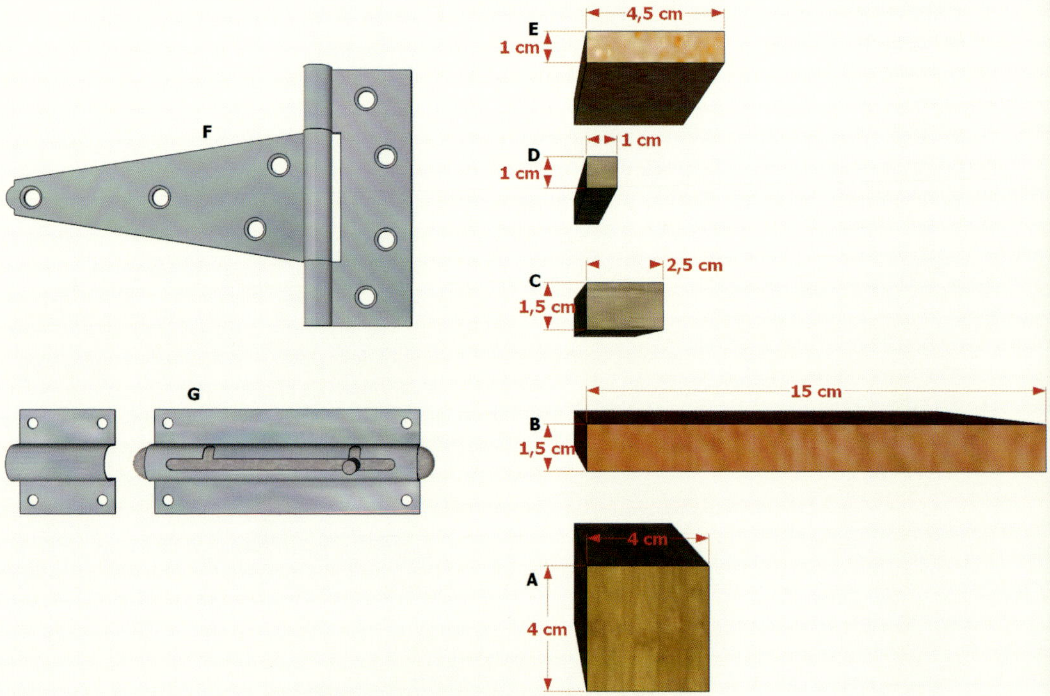

A **Leisten** [34 m]. Rahmengerüst.
B **Bretter** [39 m (6 m²)]. Wände, Tür.
C **Leisten** [3,5 m]. Gleitschienen für Klappe.
D **Zierleiste** [2,5 m]. Gleitschienen für Trennwand des Legenestes.
E **Latten** [2 m]. Gleitschienen Klappe.
F **4 Scharniere**. Tür, Dach des Legenestes.
G **1 Schieberiegel**. Tür.

Hinzu kommt (gerundet auf ½ m²):

- Außenfurnierholz 10 mm [1 m²]. Trennwände Legenest, Klappe.
- Außenfurnierholz 16 mm [2 m²]. Boden.
- Spanholzplatte 19 mm [3,5 m² (+ 1,5 m² für das kreuzförmige Dach)]. Dach, Dach Legenest, Vordach Klappe.
- Teerpappe [5 m²]. Dach.
- First mit Teerpappe überzogen [3 m]. Dach.
- Fenster- oder Plexiglas [0,5 m²]. Fenster.

Bauanleitung

Schritt 1: Aufbau der Holzstruktur

Beginnen Sie mit dem Aufbau von zwei gleichen Rahmenkonstruktionen. Am Punkt **A** führen Sie den Zusammenbau mit Verblattung durch (auf der Zeichnung nicht sichtbar). Die Aussparungen **B** dienen dazu, die beiden Rahmen durch Verblattung zu verbinden. An diesen Stellen werden die Leisten zunächst nur verleimt. Die Leiste **C** (die Verstärkung der Klappe) befindet sich nur auf einem der zwei Rahmen.

Tipp

Das Dreieck D ist optional. Es ermöglicht einen kreuzförmigen Dachaufbau, der keine praktische, sondern nur eine ästhetische Funktion erfüllt. Er erfordert jedoch komplexere Zuschnitte und Einpassungen.

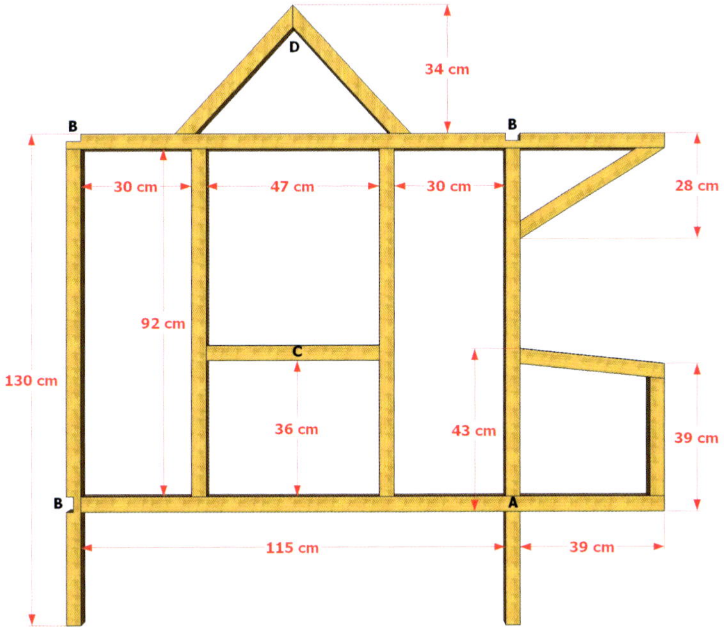

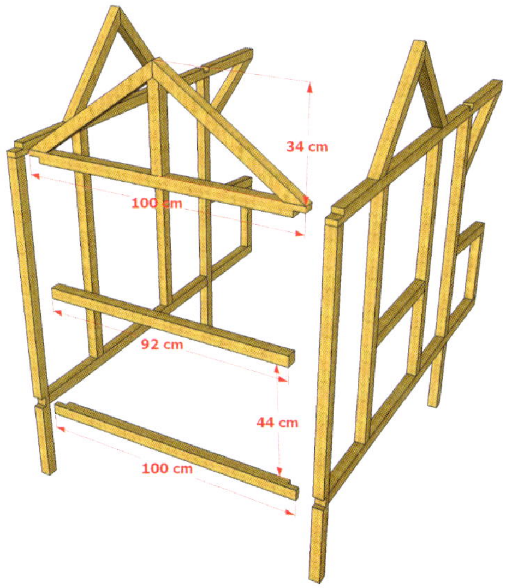

Verbinden Sie die Rückseite der beiden Rahmenkonstruktionen. Die Verblattungen, die zuvor nur verleimt wurden, werden jetzt angeschraubt.

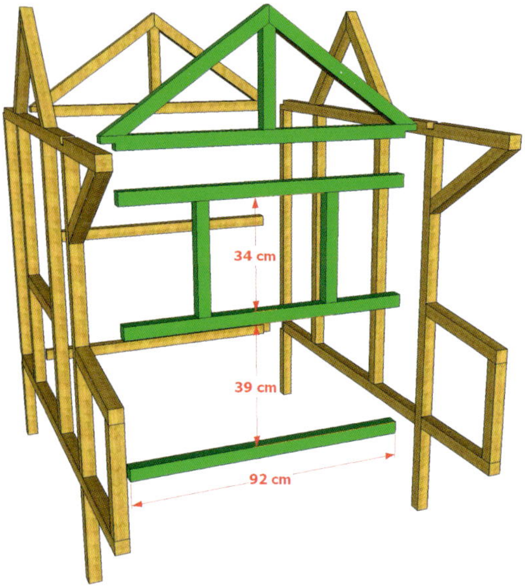

Bauen Sie die Vorderfront (hier grün dargestellt) auf die gleiche Weise zusammen. Das Dach-Dreieck ist das Gleiche wie auf der Rückseite.

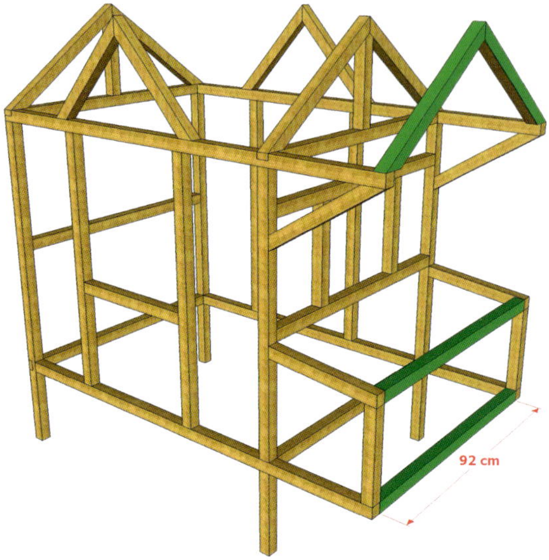

Zum Schluss verschrauben Sie die beiden Leisten am Legenest. Das Dach-Dreieck ist gleich wie die anderen, es fehlt nur die Verstärkung in der Mitte.

Schritt 2: Den Boden zuschneiden und verlegen

Schneiden Sie die Furnierholzplatten so zu, dass Sie 4 Holzplatten erhalten, die auf die horizontalen Leisten des Unterteils gelegt werden. Dafür müssen die Winkel angepasst werden. Der Boden kann dann für die Reinigung ganz leicht entfernt und wieder eingepasst werden.

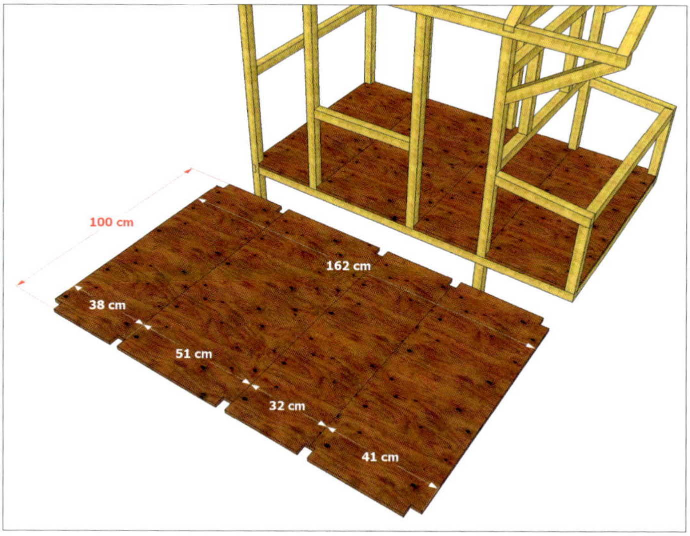

Schritt 3: Wände setzen

Verschalen Sie die beiden Rahmenkonstruktionen, indem Sie hinten anfangen (**A**).

Bauen Sie zuerst die rückwärtige, danach die vordere Wand auf. Vergessen Sie nicht, das kleine Stückchen Leiste direkt unterhalb des Fensters **A** auch zu verschalen, damit Sie einen einheitlichen Übergang zum Dach des Legenestes erhalten. Setzen Sie danach die Fensterscheibe ein.

Tipp

Symmetrisches Arbeiten

Im Allgemeinen montiert man eine Wand von unten nach oben bzw. von links (oder rechts) zur gegenüberliegenden Seite hin. Bei diesem Modell gibt es ein Teil **A***, das verschiedene Zuschnitte erfordert. Wenn man hierbei auf die klassische Weise – d.h. von links nach rechts oder umgekehrt – vorgeht, riskiert man, zum Schluss zwei Teile A vor sich zu haben, die nicht identisch sind. Zwei unterschiedliche Teile abzumessen und zuzuschneiden, bedeutet jedoch die doppelte Arbeitszeit. Wenn Sie also effizienter arbeiten möchten, dann stellen Sie ein einziges Teil A her, das Sie dann mit den gleichen Abmessungen duplizieren. Bringen Sie die beiden Teile auf jeder Seite an und verfahren mit den übrigen Brettern genauso. Nur das Mittelteil B ist nur einmal vorhanden.*

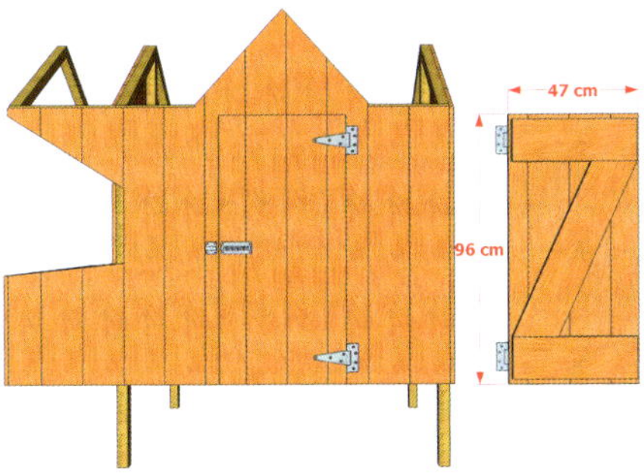

Schritt 4: Tür und Klappe anbringen

Die Tür wird zusammengebaut und zugeschnitten, damit sie auf der Wand platziert werden kann.

Befestigen Sie die untere Leiste **A** mit Nägeln (auf ihr ruht später die Klappe), danach die beiden vertikalen Leisten **B**. Nageln Sie die Latten **C** auf die Leisten **B**, damit daraus eine Schiene für die Klappe entsteht.

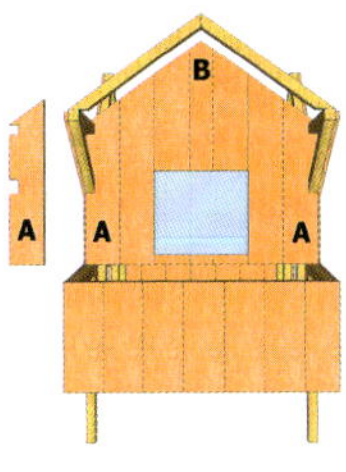

Setzen Sie die Furnierholzklappe in die Führschiene ein. Informationen zum Schließsystem finden Sie auf Seite 117.

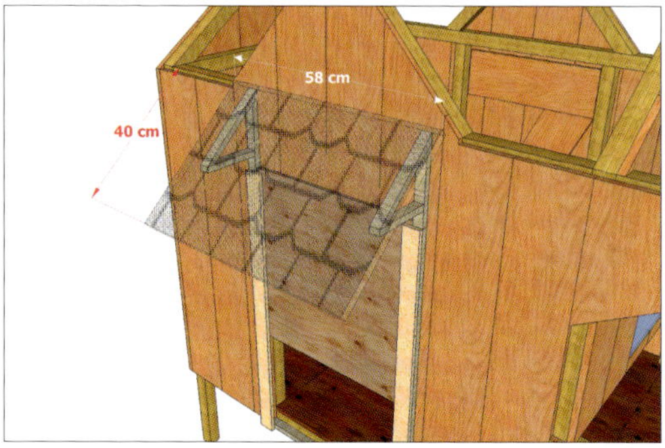

Das kleine Vordach hat sich aber als sehr nützlich erwiesen. Verwenden Sie zwei kleine Leisten als Auflagen und befestigen Sie daran eine kleine, mit Teerpappe überzogene Spanholzplatte.

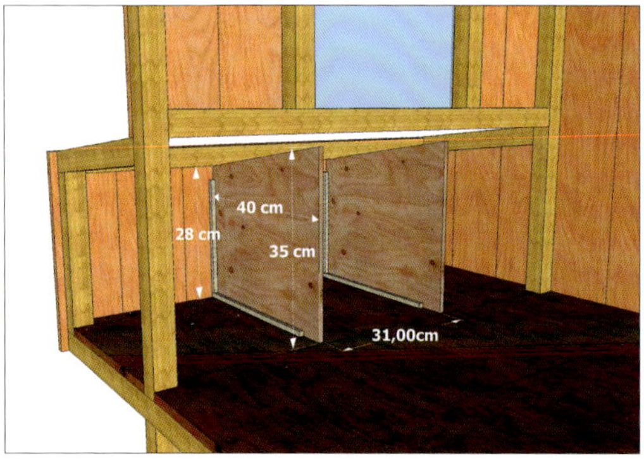

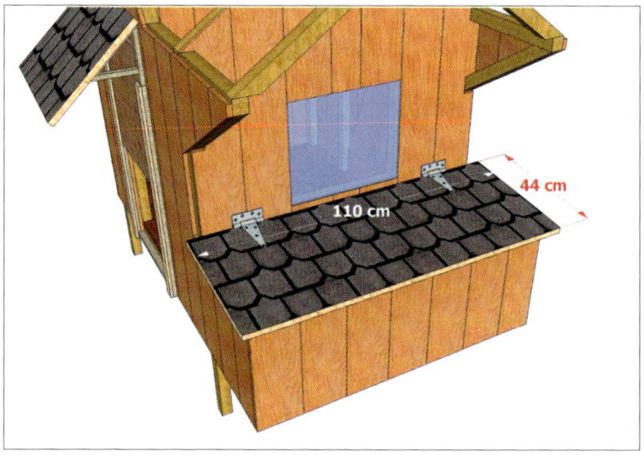

Schritt 5: Ausstattung des Legenestes

Die Zierleisten dienen als Gleitschienen, zwischen denen die Trennwände aus Furnierholz verschoben werden können. Die entstandenen drei Abteile sind jeweils ca. 30 cm breit. Beziehen Sie die Holzplatte mit Teerpappe und befestigen Sie sie.

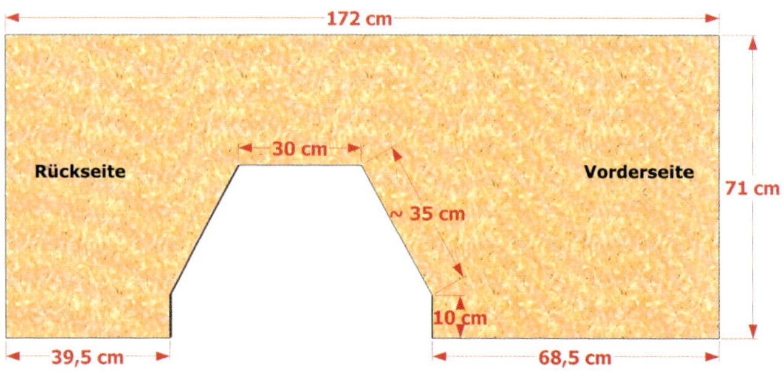

Schritt 6: Das Dach aufsetzen

Wenn Sie sich nicht für das kreuzförmige Dach entschieden haben, dann überziehen Sie Ihre zwei Holzplatten mit Teerpappe und platzieren Sie sie. Ansonsten schneiden Sie die Platte wie auf der Zeichnung zu sehen zu.

Befestigen Sie die beiden Platten **A** auf den Dreiecken der Holzstruktur mit ungefähr einem Dutzend TRCC-Bolzen. Bringen Sie auf beiden Seiten die beiden Platten **B** mit kleinen Nägeln an. Die Verbindungsstelle zwischen den Platten **A** und **B** bedecken Sie mit Teerpappe.

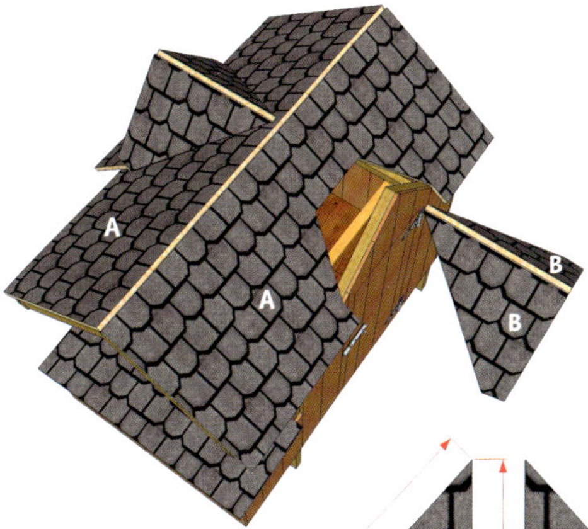

Rechts die Abmessungen für die Platten **B**, wie sie für dieses Modell berechnet wurden. Je nach handwerklicher Vorgehensweise bzw. verfügbarem Handwerkszeug, können sie möglicherweise in Form und Größe leicht davon abweichen.

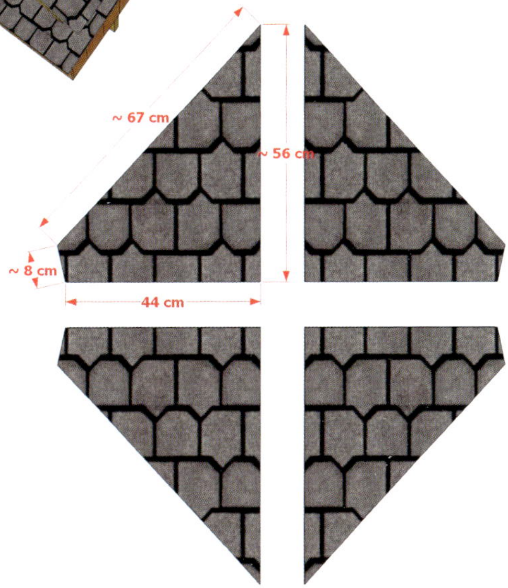

Zum Schluss bringen Sie den First an.

Innenausstattung

In Längsrichtung sind leicht ein bis zwei Sitzstangen unterzubringen.

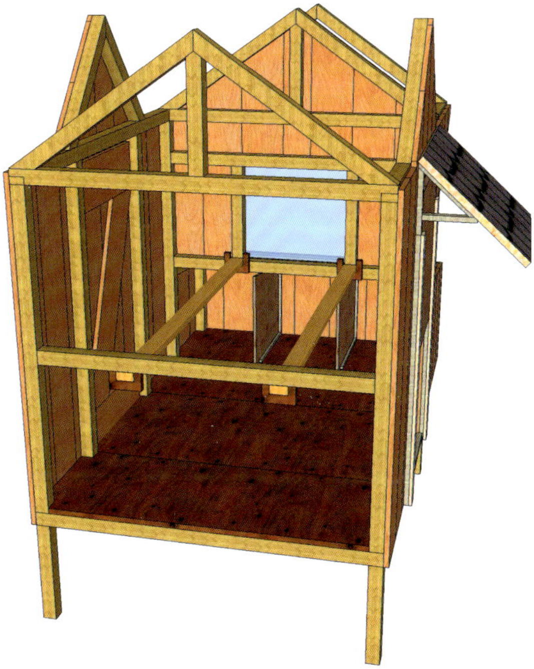

Raubtiersicherer Hühnerstall auf Stelzen

Das Original zu diesem Hühnerstallmodell steht an einem Waldrand im Herzen der Bretagne. Bei diesem Stall steht die Sicherheit im Vordergrund. Hier können die Hühnerhalter nachts beruhigt schlafen. Trotz seiner Höhe ist der Stall – dank einiger kleiner Kniffe – doch leicht zu reinigen. Dieses Modell eignet sich für alle Hühnerrassen.

IDEAL für Hühnerhalter, die Raubtieren den Kampf angesagt haben. Wegen seiner Klappe muss das Hühnerhaus eine gewissen Höhe aufweisen, es ist jedoch trotz allem leicht nachzubauen und die integrierten Legenester sind äußerst praktisch.

AUSREICHEND für bis zu 8 große Hühner bzw. ca. 15 Zwerhühner

GRÖSSE: 1,50 m²

HANDWERKLICHE KENNTNISSE: *

KOSTEN: ca. 600 € (ohne Mittel zur Holzbehandlung)

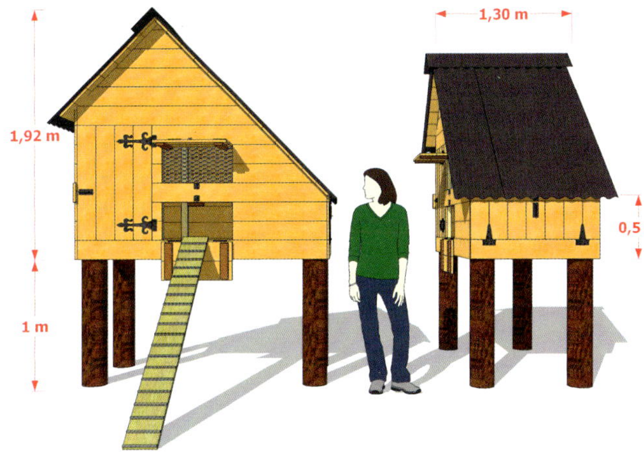

Im Boden bedindet sich eine Klappe **A**, über die der Stall ausgemistet werden kann.

Sie können ganz leicht ins Innere des Stalls gelangen, um ihn beispielsweise zu reinigen. Die Legenester **B** sind vollständig von Hand zerlegbar.

Materialbedarf

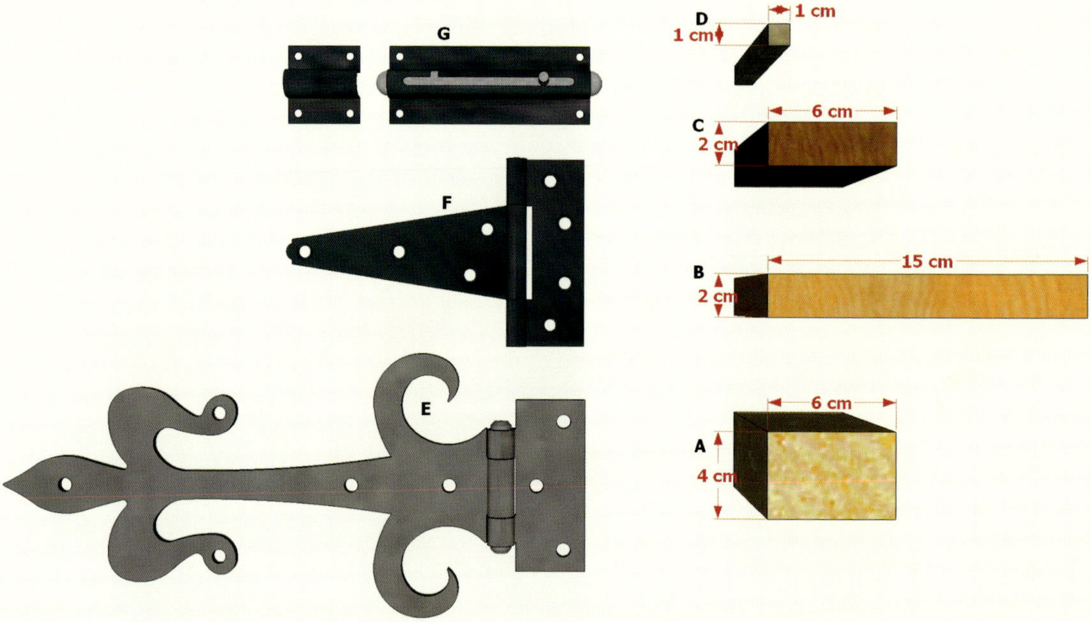

A Leisten [40 m]. Holzstruktur.
B Bretter [90 m (14 m^2)]. Wände, Tür, Klappen.
C Leisten [4 m]. Klappenverstärkungen.
D Zierleiste [6 m]. Gleitschienen Legenester.
E 2 große Scharniere. Große Tür.
F 8 mittlere Scharniere. Klappen.
G 5 Schieberiegel. Große Türen, Klappen.

Hinzu kommt (gerundet auf m^2):

- Außenfurnierholz 10 mm [1,5 m^2]. Legenester.
- Bitumen-Wellplatten [5 m^2]. Dach.
- 1 Dachfirst, mit Teerpappe bezogen [1,30 m]. Dach.

Bauanleitung

Schritt 1: Aufbau des Bodens

Bauen Sie das Rahmengerüst **A** auf, indem Sie die Leisten (6 x 4 cm) verschrauben.
Nageln Sie die Bodenplatte von oben darauf fest.
Sägen Sie die Klappe aus und verwenden Sie den Verschnitt für den Türflügel **B**.
Befestigen Sie die Klappe.

Befestigen Sie den Boden auf den Stelzen.

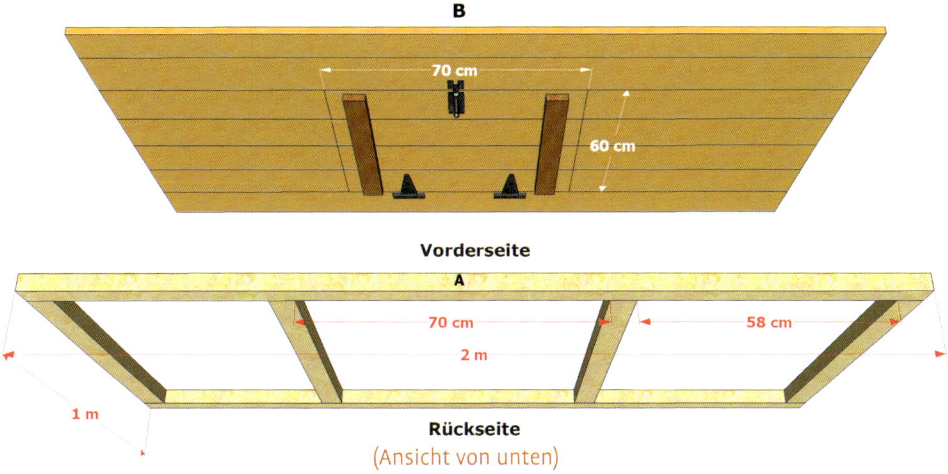

Hinweis

Die Stelzen für unser Modell sind Teilabschnitte, die aus einem recycelten Telefonmasten herausgeschnitten wurden: Es gibt aber noch zahlreiche andere Materialien, die dafür verwendet werden können. Bei unserem Modell hier wurden Stelzen und Boden miteinander verschraubt. Die Höhe der Stelzen sollte 1 m nicht überschreiten, damit der Zugang ins Stallinnere garantiert ist.

Schritt 2: Die Holzstruktur zusammenbauen

Verschrauben Sie das vordere und hintere Rahmengerüst. Die beiden sind identisch, bis auf die beiden Leisten **A** und das Gitter auf dem vorderen Rahmen.

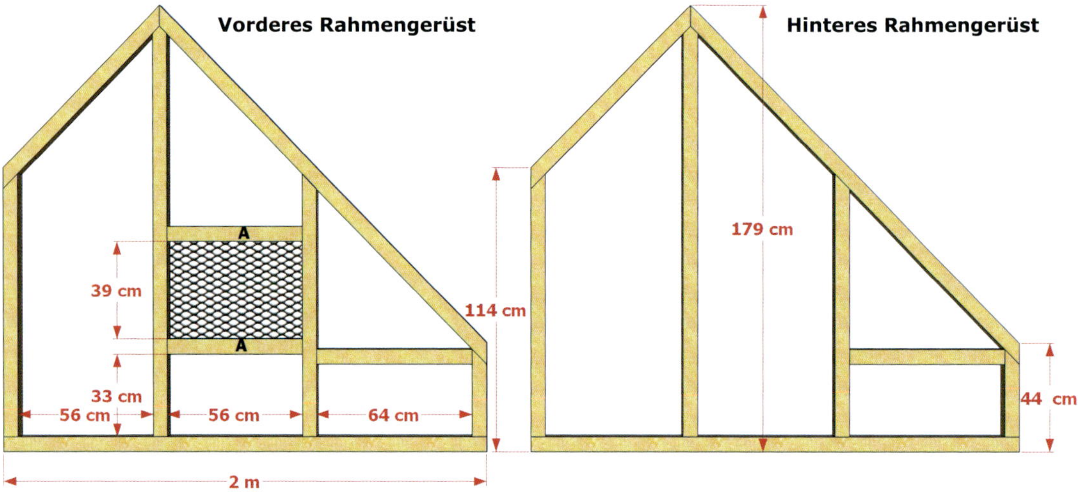

Das Gitter befestigen Sie auf der Innenseite des Rahmens. Schrauben Sie die beiden Rahmen am Boden fest und bringen Sie dann die drei Querleisten **A** an.

Schritt 3: Anbringen der Wände

Montieren Sie die Rückwand **A1** von unten her. Vergessen Sie dabei nicht, oben die vergitterten Lüftungslöcher (1) auszusägen (mit einer Lochsäge).
Montieren Sie danach die Vorderwand **A2**. Lassen Sie eine Öffnung für die Tür **C** frei. Die Klappen **B** werden nachträglich ausgeschnitten und der Verschnitt für die Türflügel verwendet. Die obere Klappe, die nur zur Belüftung dient, muss vor dem vergitterten Teil des Rahmens platziert werden. Die untere Klappe dient als Eingang für die Hühner. Bauen Sie danach die Seitenwand **D** auf. Ein etwas längeres Brett, das am Ende durchbohrt ist, dient dazu, den Türriegel schließen zu können.
Montieren und befestigen Sie die Vordertür **F**.

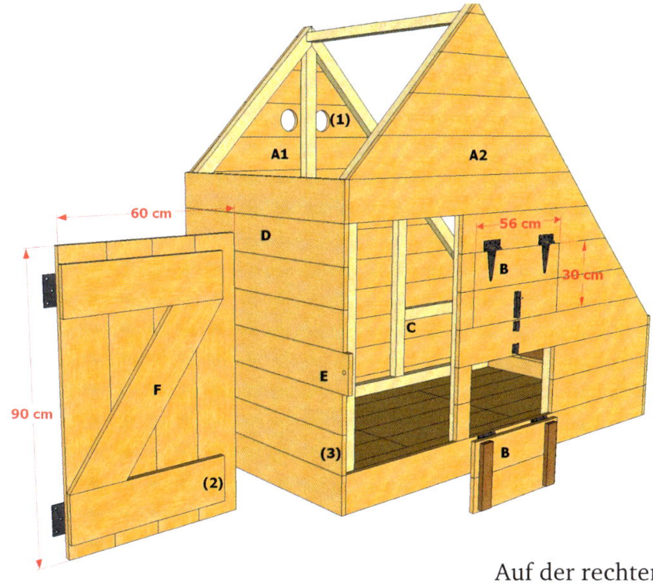

Hinweis

Dieser Plan wurde für 15 cm breite Bretter optimiert. Die Türöffnung C (60 cm) entspricht der Breite von 4 Brettern.

Bitte beachten!

Die Türverstärkung ist auf der linken Seite kürzer (2), damit sie nicht auf die Leiste (3) auftrifft.

Auf der rechten Seite des Hühnerstalls nageln Sie das Brett **A** fest. Bauen Sie die Klappe des Legenestes zusammen und befestigen Sie sie. Vervollständigen Sie die Wand, indem Sie das kleine Brett **B** festnageln.

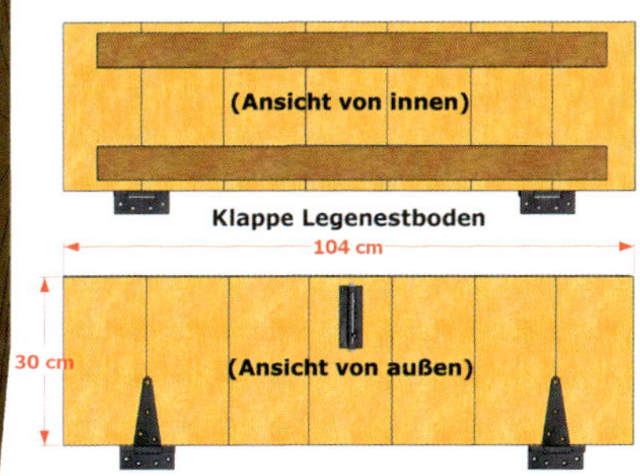

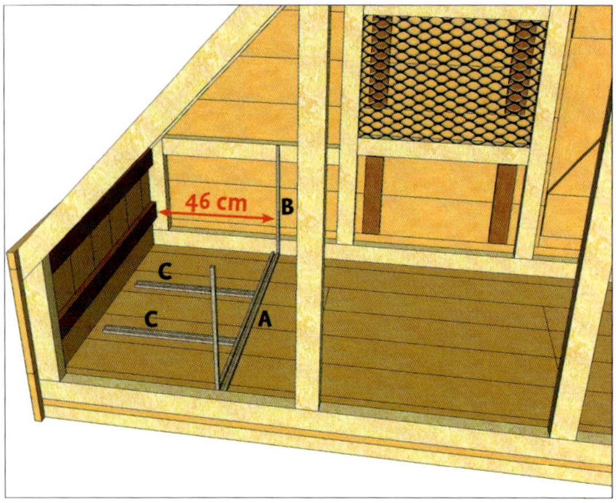

Schritt 4: Legenester einbauen

Kleben Sie die Gleitschienen **A** und die Verstärkungen **B** an. Der Abstand zwischen den Gleitschienen entspricht der Dicke der Trennwände.
Kleben Sie die Gleitschienen **C** an.

Größenanpassung der Legenester

*Die Anzahl der Gleitschienen **C** hängt von der Größe der Tiere ab. Mit zwei Paar Schienen erhält man drei Legenester für mittelgroße bzw. kleine Hühner. Mit nur einem Paar Schienen erhält man zwei Legenester für größere Rassen.*

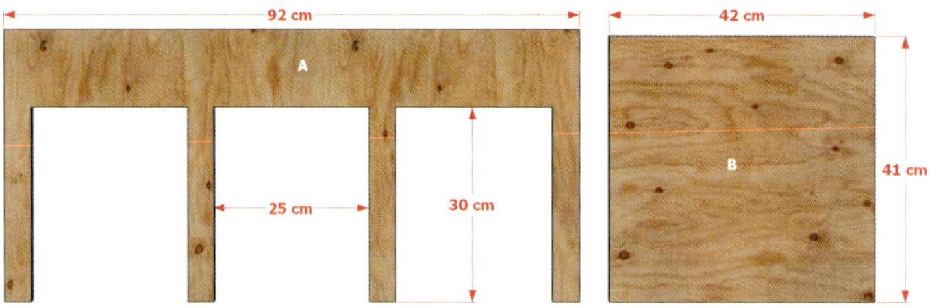

Schneiden Sie die unterschiedlichen Wände des Legenestes aus dem Furnierholz aus.
A. Vorderfront
B. Ein bzw. zwei Trennwände, je nach gewünschter Anzahl an Legenestern.

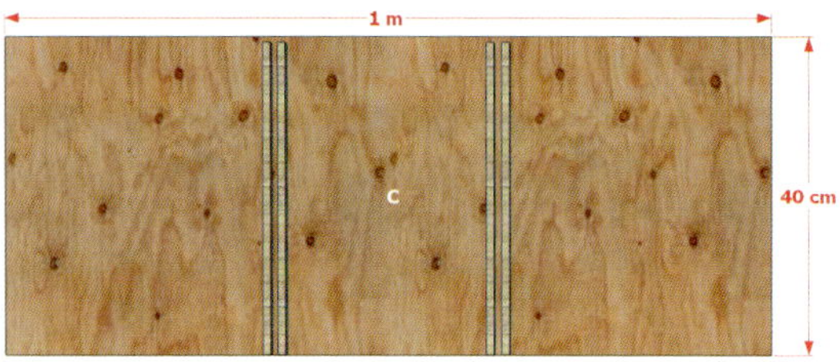

C. Decke mit einem bzw. zwei Paar Gleitschienen. Achten Sie darauf, dass Letztere mit den Schienen übereinstimmen, die Sie auf dem Boden aufgeklebt haben, damit sich die Trennwände problemlos verschieben lassen.

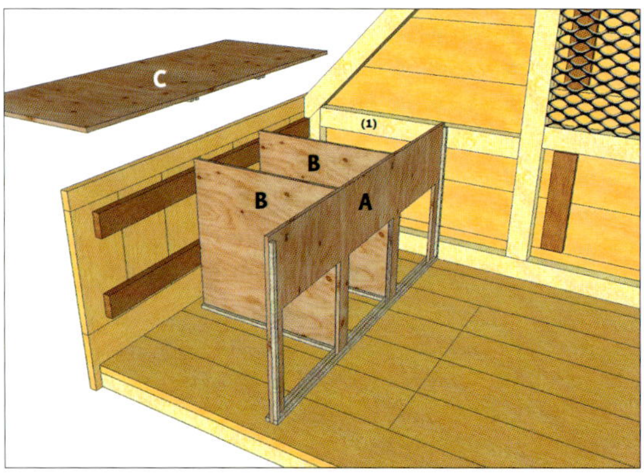

Platzieren Sie die Vorderfront **A** sowie die Trennwand / Trennwände **B** in die jeweiligen Schienen. Die Decke ruht ganz einfach zu beiden Seiten auf Leisten **(1)**. Platzieren Sie sie, indem Sie Schienen und Trennwände aufeinander abstimmen.

Schritt 5: Das Dach aufsetzen

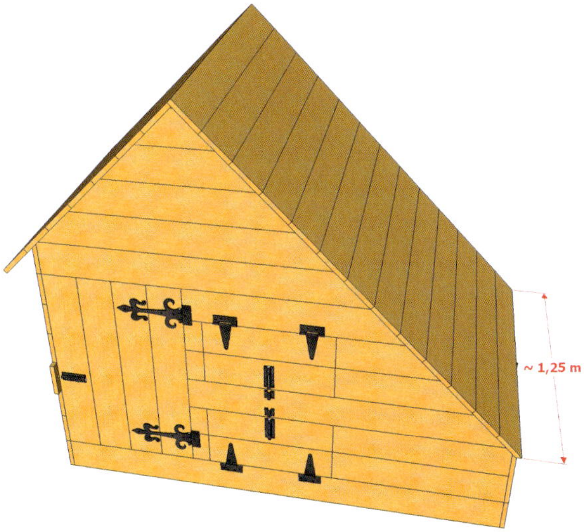

Nageln Sie die Dachplatten von oben beginnend auf das vordere bzw. hintere Rahmengerüst auf.

Bitte beachten!

Die Abdeckung sieht aus wie Wellblech **A***, besteht in Wirklichkeit aber aus Bitumen-Schweißbahnen, die nur eine ähnliche Form aufweisen. Dieses Material ist sehr kostengünstig und einfach zu verlegen, empfiehlt sich aber nicht zur Verwendung in heißen Regionen, wo es sich sehr schnell erhitzt und verformen kann.*

Bringen Sie die beiden Bitumenbahnen **A** auf das Dach auf. Sie werden auf den Dachplatten mit Hilfe klassischer Ringschrauben befestigt. An den Seiten werden sie umgeschlagen und an den Kanten der Dachplatten festgenagelt. An der Spitze wird die Übergangsstelle zwischen den beiden Bitumenbahnen mit einem Bitumen-Dachfirst **B** abgedeckt.

Innenausstattung

In diesem Modell finden leicht zwei herausnehmbare Sitzstangen Platz.

Multifunktionsstall

Dieser Hühnerstall ist einfach in der Herstellung und ausreichend für die Haltung eines kleinen Hühnerbestands, der nach und nach vergrößert werden kann.

IDEAL für Einsteiger.

AUSREICHEND für bis zu 8 große bzw. 14 kleine Hühner

GRÖSSE: 1,80 m²

HANDWERKLICHE KENNTNISSE: *

KOSTEN: 250 bis 300 € (ohne Mittel zur Holzbehandlung)

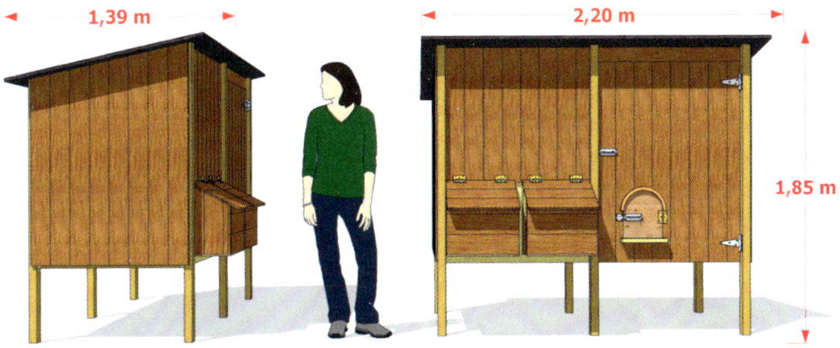

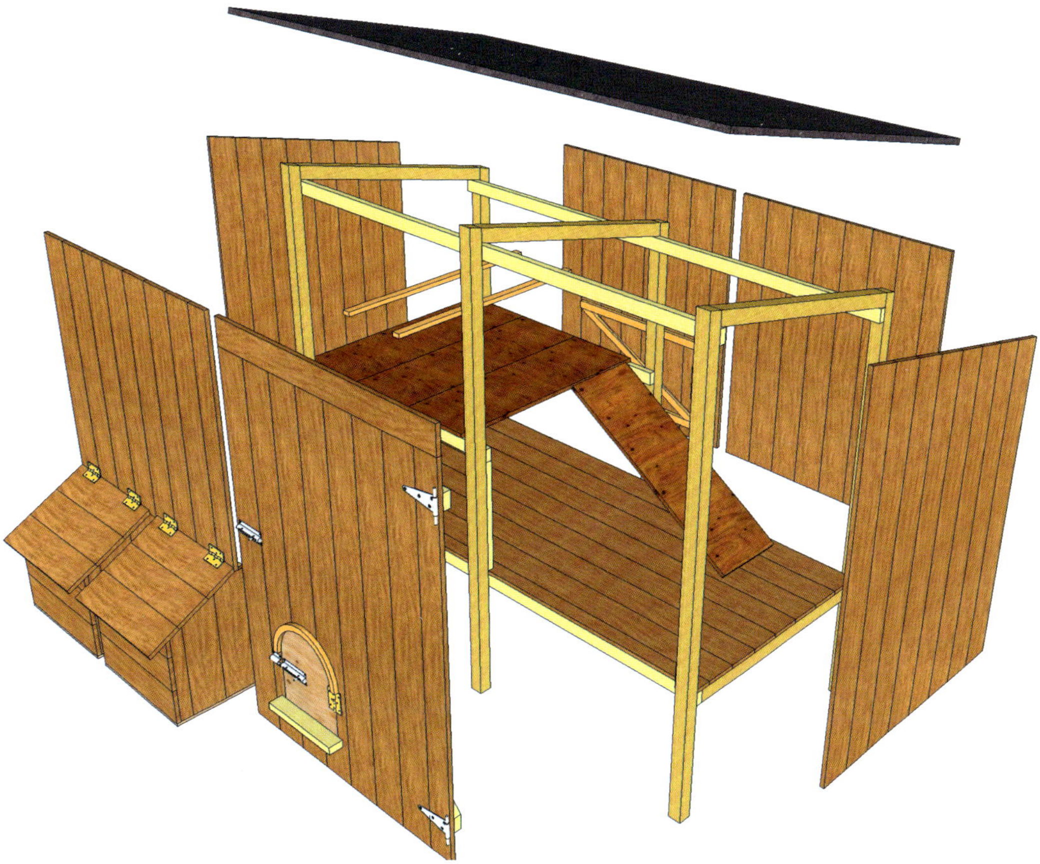

Materialbedarf

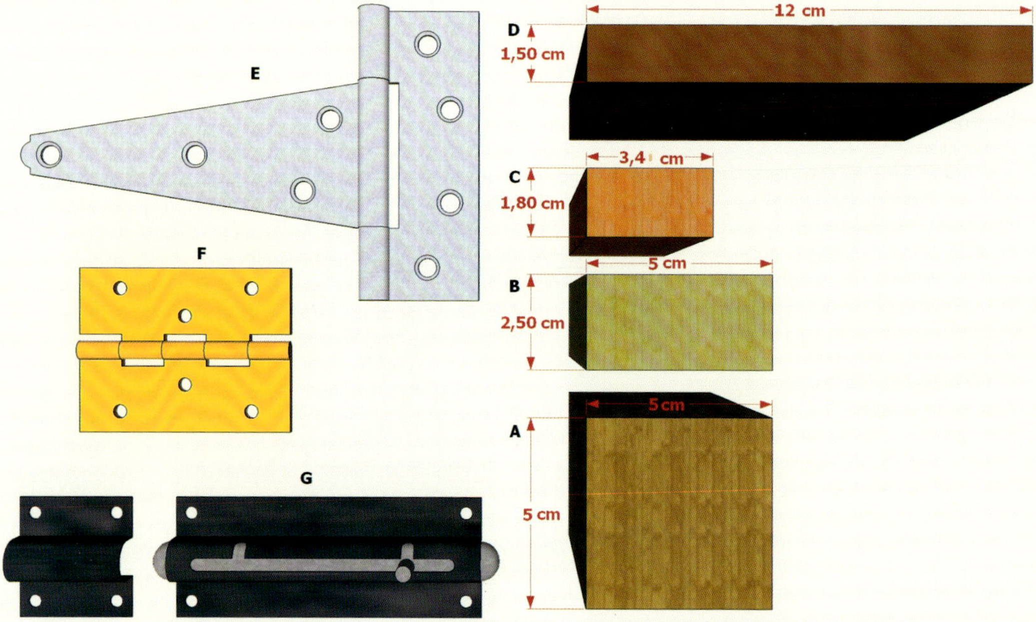

A Leisten [16 m]. Dachgerüst.
B Leisten [15 m]. Dachgerüst, Stützen Legenester, Verstärkung Vordertür.
C Leisten [8 m]. Rahmengerüst Legenester, Verstärkung Hintertür.
D Bretter [82 m (10 m²)]. Boden Erdgeschoss, Wände, Türen.
F 5 Scharniere. Legenester, kleine Vordertür.
G 3 Schieberiegel. Türen A, kleine Vordertür.

Hinzu kommt (gerundet auf ½ m²):

- Außenfurnierholz 10 mm [0,5 m²]. Boden Legenest, bogenförmiger Eingang.
- Außenfurnierholz 16 mm [1 m²]. Boden 1. Stock.
- Spanholzplatte 19 mm [3 m²]. Dach.
- Teerpappe [4 m²]. Dach.

Bauanleitung

Schritt 1: Aufbau der Holzstruktur

Bauen Sie die 6 Pfosten **A1** und den unteren Rahmen **B1** zusammen. Schneiden Sie die Eckwinkel aus und befestigen Sie die Leisten **A2**.
Befestigen Sie zum Schluss die Leisten **B2**.

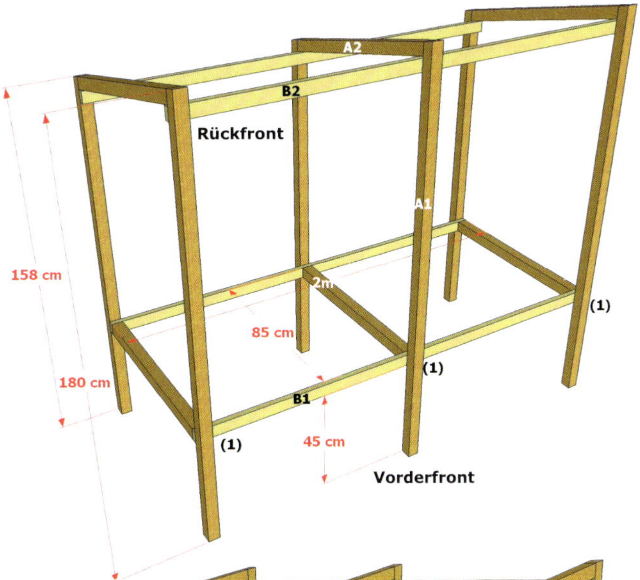

Bitte beachten!

Bei diesem Hühnerstall wird der Zusammenbau nicht durch Verblattung optimiert. An manchen Stellen (1) müssen drei Schichten Holz zusammen verschraubt werden. Aus diesem Grund sind die Leisten B nur 2,5 cm dick.

Befestigen Sie die Leisten **B3** mit Schrauben oder Nägeln.

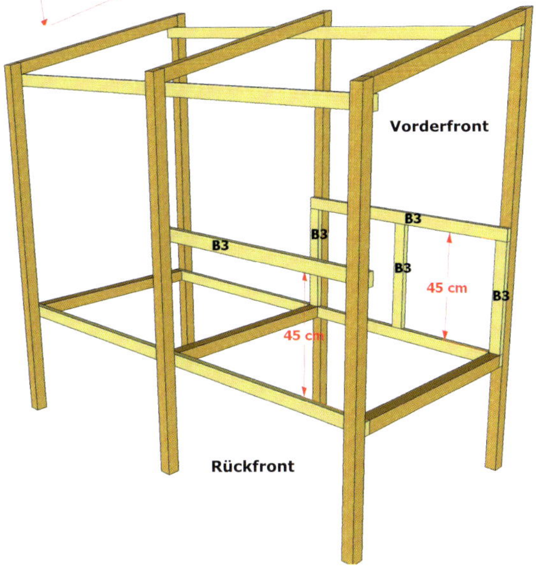

Schritt 2: Boden einsetzen

Nageln Sie den Boden so an, dass sich seine Kanten in den Rahmen einpassen.

Schritt 3: Zusammenbau des Legenestes

Bauen Sie die beiden Rahmen **A** auf und befestigen Sie die Bretter auf der Außenseite. Nageln Sie den Boden **B** und die Rückwand **C** an die beiden Rahmen **A**.

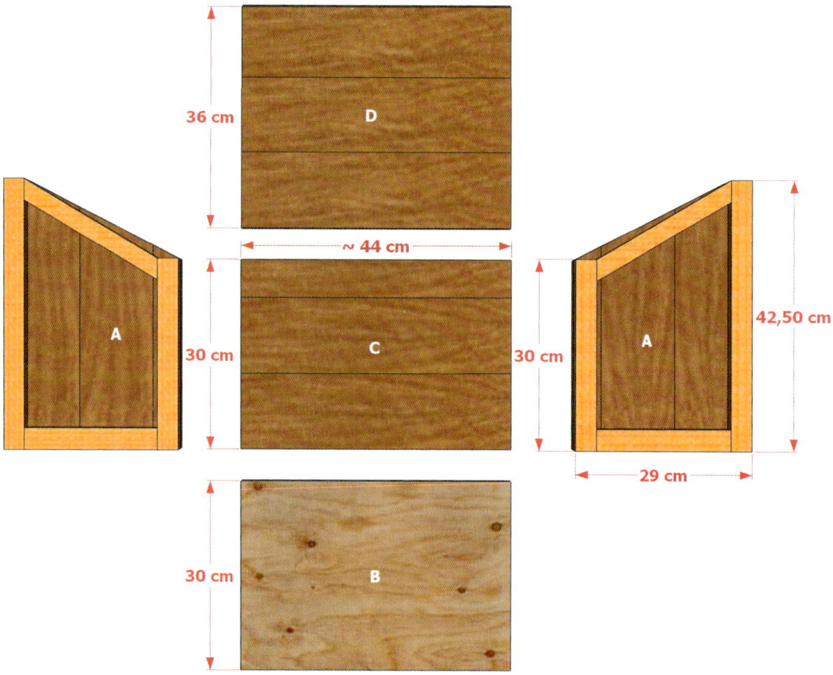

Verschrauben Sie jedes Legenest an der dafür vorgesehenen Stelle auf der Holzstruktur des Hühnerstalls. Die Dächer der Legenester werden nach dem Einbau der Wände in Schritt 5 befestigt.

Schritt 4: Wände einbauen

Vernageln Sie die Bretter miteinander, um die Seitenwände **A** und die Vorderfront auf der Seite des Legenestes **B** einzubauen.

Schneiden Sie auf der Rückwand **C** eine Öffnung für die kleine Tür heraus.

Bitte beachten!

Ein Teil der Innenleiste (1) soll sichtbar sein, damit die Tür, wenn sie geschlossen ist, darüber zum Aufliegen kommt (ebenso am unteren Anschlag).

Auch möglich

Die Tür ist optional: Sie wurde bei diesem Modell erst später eingebaut, um die Reinigung zu vereinfachen.

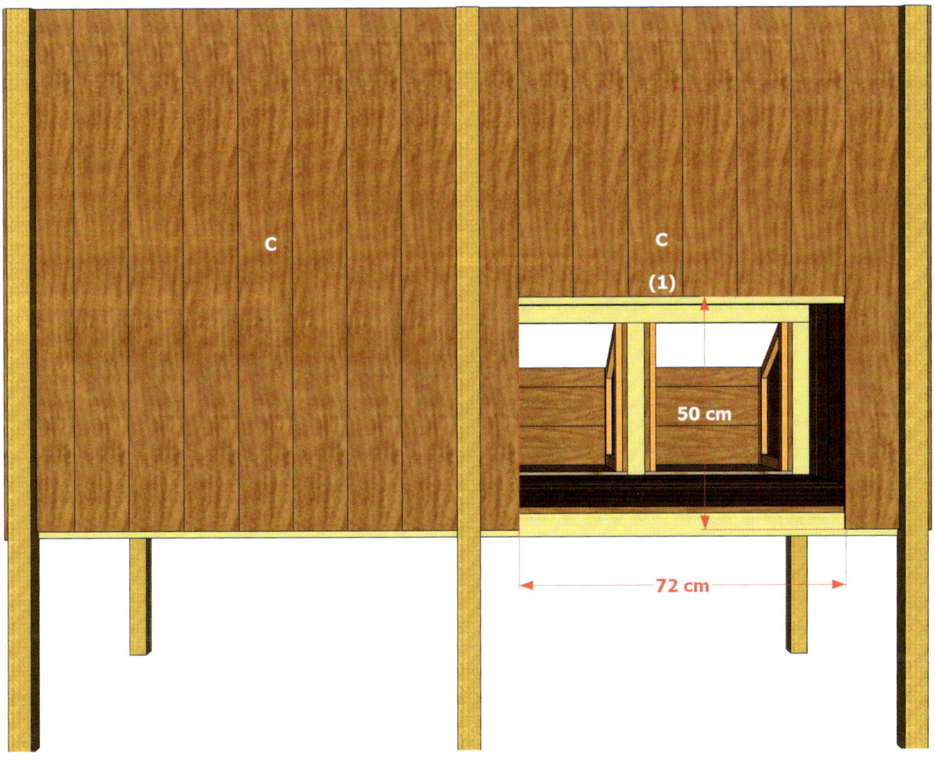

Variante

*Wenn der Zuschnitt der bogenförmigen Tür sowie die Anfertigung der Verstärkung **A** zu schwierig in der Durchführung sind, dann bauen sie stattdessen eine rechteckige Tür mit den gleichen Abmessungen ein.*

Bitte beachten!

Auf der Vordertür müssen die Scharniere im 90°-Winkel angebracht werden.

Schritt 5: Einbau und Befestigung der Öffnungen

Montieren und befestigen Sie die kleine Hintertür mit ihren Scharnieren und dem Riegel.
Bauen Sie die große Vordertür zusammen und schneiden Sie dann die Öffnung für die bogenförmige Tür heraus, die als Eingang für die Hühner gedacht ist. Befestigen Sie die bogenförmige Tür. Die kleine Leiste **B** dient als Außenverstärkung und außerdem als Auflage für die Hühnerleiter. Bauen Sie die große Tür ein.
Zum Schluss nageln Sie das Brett **C** oberhalb der großen Tür fest und befestigen die Dächer für die Legenester **D**.

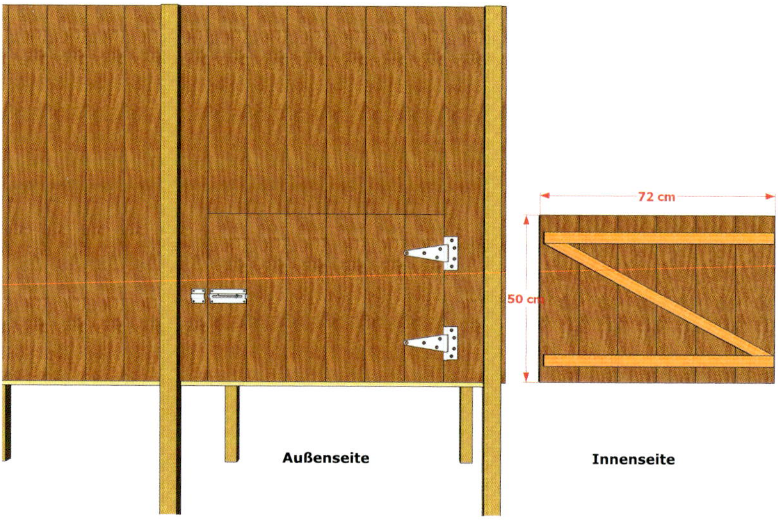

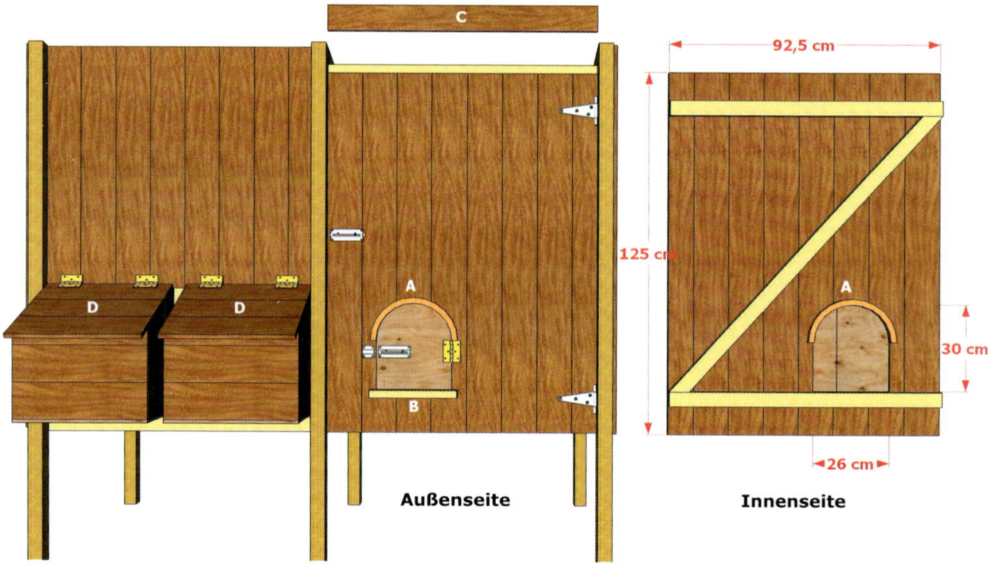

Schritt 6: Das Dach aufsetzen

Überziehen Sie die Spanholzplatte mit Teerpappe, die Sie entweder aufkleben oder mit kleinen Nägeln befestigen – vor allem an den „heiklen“ Stellen wie an den Ecken und den Verbindungsstellen der Teerpappe. Denken Sie daran, die Teerpappe unter der Spanholzplatte großzügig umzuschlagen.

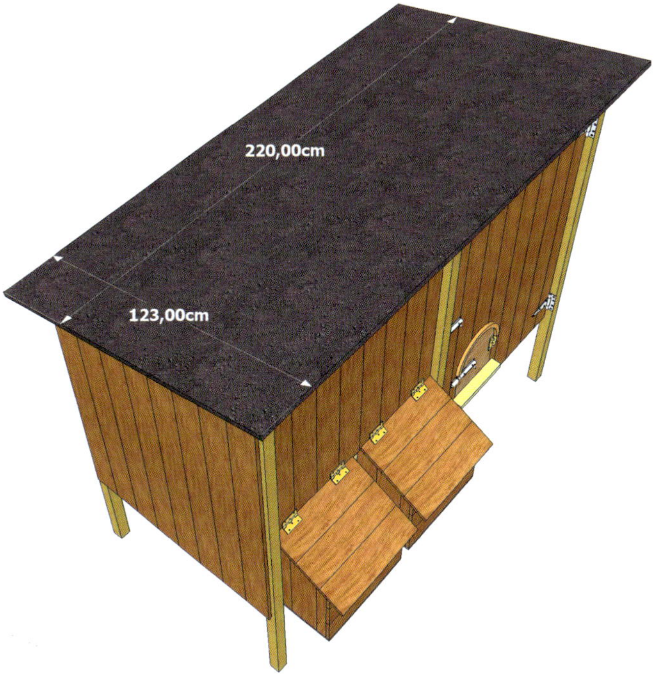

Innenausstattung

A Diese Etage besteht aus drei Brettern, die – zur leichteren Reinigung – ganz einfach aufgelegt werden.

B Je nach Größe der Hühner können zwei bis drei Sitzstangen eingebaut werden.

C Rampe in die obere Etage.

Tipp

Unterlegen Sie Punkt (1) mit einem kleinen Keil, damit die Bretter nicht verrutschen können.

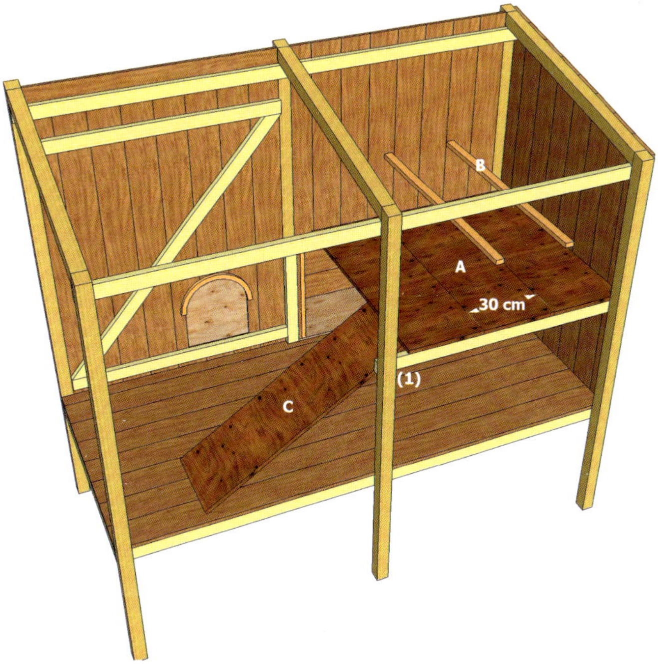

Gut zu wissen

*Wenn Sie nur wenige Hühner halten, ist die obere Etage **A** nicht unbedingt notwendig. Sie können dann die Stützen für den Boden auf dieser Etage dazu verwenden, um die Sitzstangen zu befestigen.*

Hühnerhaus „Waldhütte“

Dieses Hühnerhaus ist ein echter Hingucker und lässt sich in jeden Garten integrieren. Sein kleiner Anbau bietet den Hühnern stets einen geschützten Ort, wo sie sich trocken und sauber aufhalten können. Es eignet sich für Hühnerrassen jeder Größe.

IDEAL für Hühnerhalter, die ihren Tieren einen geschützten Ort bieten wollen. In regenreichen Regionen bietet dieses Modell mit seiner geschützten Terrasse einen gesunden Aufenthaltsort ohne Pfützen und Matsch. Besonders Hühner mit stark befiederten Füßen werden dies zu schätzen wissen. Und die kleinen Hühnerrassen werden Freude daran haben, von einem Stock in den nächsten zu flattern.

AUSREICHEND für bis zu 8 große Hühner bzw. 14 kleine

GRÖSSE: 2 m²

HANDWERKLICHE KENNTNISSE: ***

KOSTEN: um die 1.000 € (ohne Mittel zur Holzbehandlung)

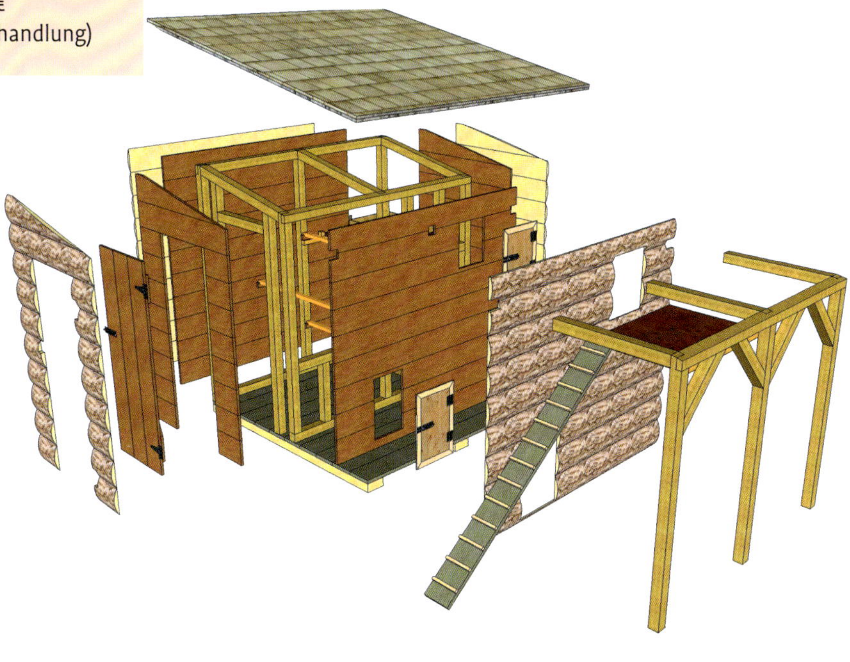

Materialbedarf

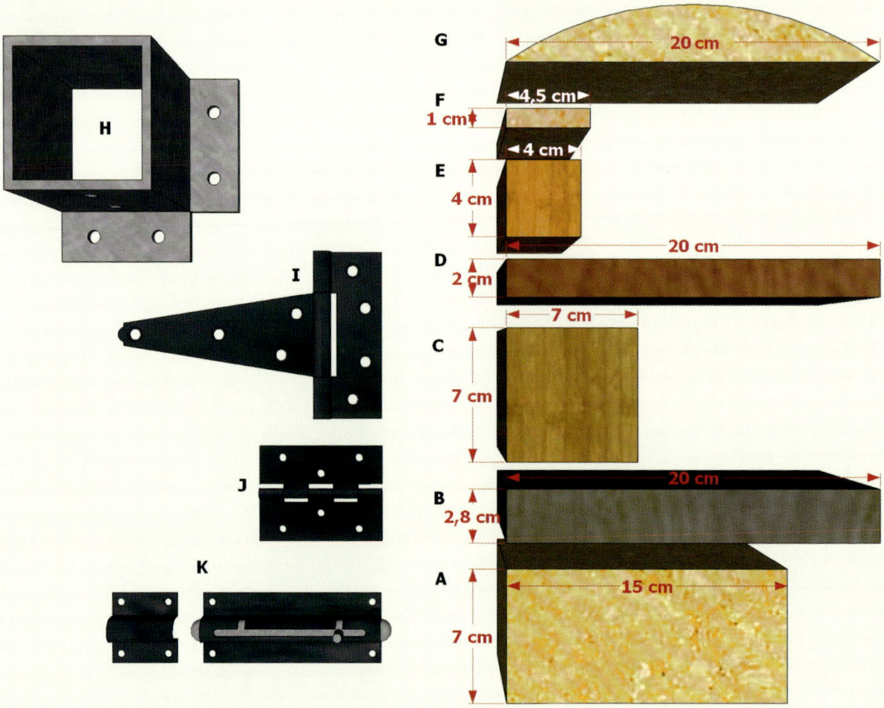

A Kantholz [6 m]. Stütze Boden.
B Bretter [20 m (4 m²)]. Boden.
C Leisten [42 m]. Dachgerüst.
D Bretter [99 m (20 m²)]. Wände.
E Leisten [4,5 m]. Stützen für Plattform und Stalletagen.
F Latten [3,5 m]. Rahmen für Türchen.
G Rindenholz [56 m (12 m²)]. Fassadenverkleidung.
H 5 Sockel für Pfosten 70 x 70 cm. Verbindung Pfosten / Boden.
I 2 Scharniere. Vordertür.
J 2 bis 4 kleine Scharniere. Türchen.
K 2 bis 3 Schieberiegel. Vordertür, Türchen.

Hinzu kommt (gerundet auf m²):

- Außenfurnierholz 16 mm [1 m²]. Plattform (+ 1 m² für Etagen im Stallinnern).
- Außenfurnierholz 10 mm [0,5 m²]. Türchen.
- Schindeln [6 m²]. Dach.

Bauanleitung

Schritt 1: Boden aufbauen

Platzieren Sie die drei Kanthölzer so, dass ein Quadrat von 4 m² entsteht. Legen Sie den Boden darauf und nageln Sie ihn fest.

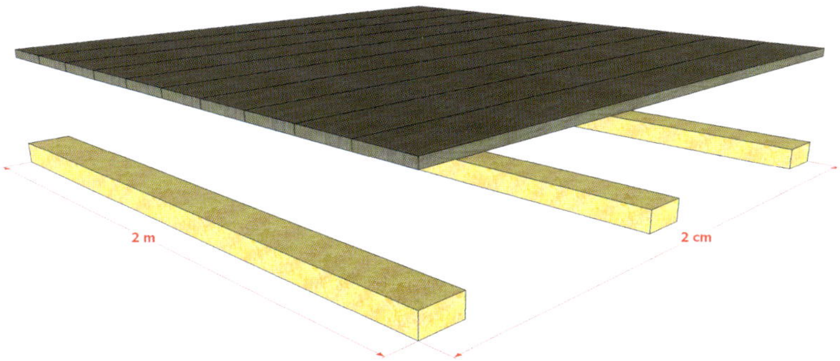

Variante

Wenn es die Bodenbeschaffenheit erlaubt, können die Kanthölzer direkt auf den Erdboden gelegt werden. Sie können Sie jedoch auch auf Estrich anbringen.

Schritt 2: Zusammenbau der Holzstruktur

Bauen Sie die beiden Rahmengerüste **A** und **B** auf, die später die Seitenteile des Stallgebäudes bilden. Der untere Teil **(1)** jedes Rahmens ist ein einfacher Aufbau (es spricht aber nichts gegen einen Aufbau durch Verblattung). Der obere Teil der Rahmen **(2)** wird durch Verblattung aufgebaut.

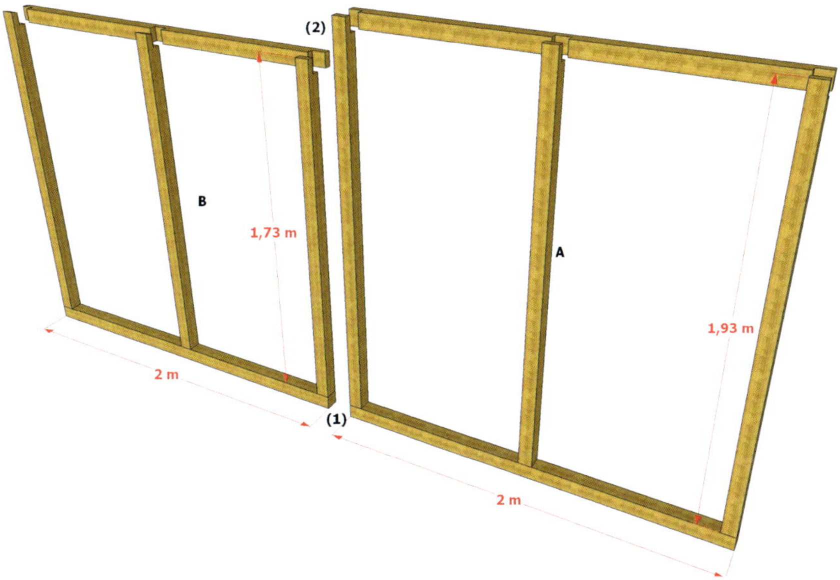

Bitte beachten!

Zunächst muss jeweils nur der untere Teil (1) eines jeden Rahmens verschraubt werden. Der obere Teil (2) wird zeitgleich mit den Querverbindungen von Vorder- und Rückfront befestigt. Damit Sie die Rahmen handhaben können, sollten Sie die Löcher vorbohren und sie provisorisch mit Bolzen und Schraube fixieren.

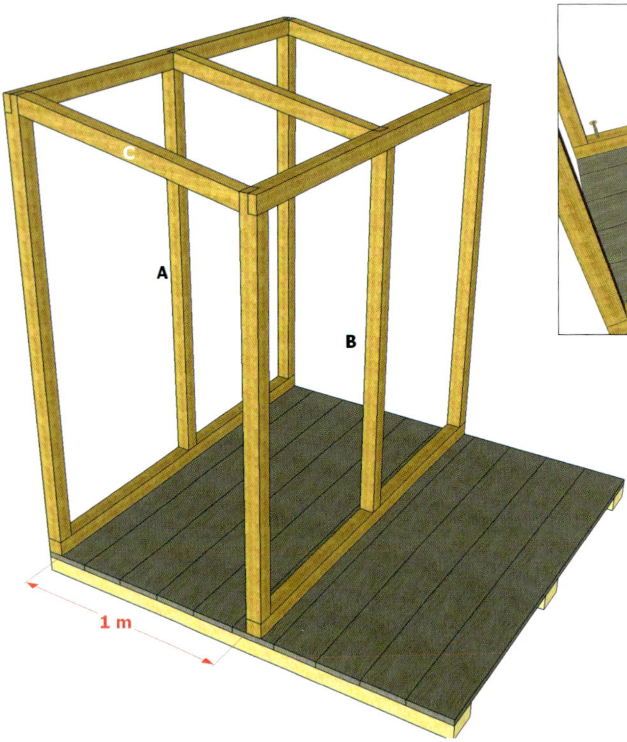

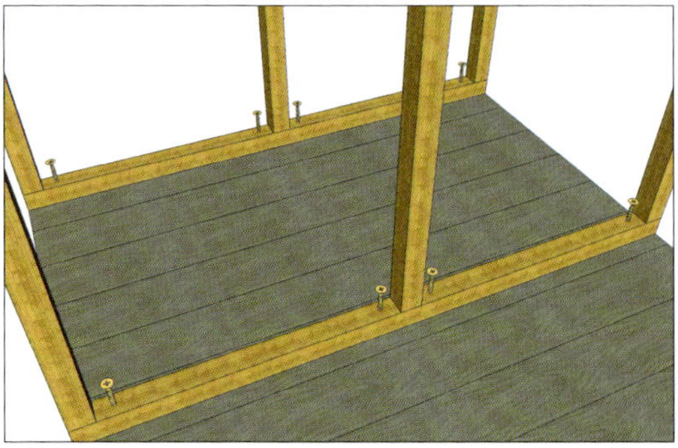

Befestigen Sie die Rahmengerüste **A** und **B** durch Verschrauben mit dem Boden. Sie werden durch vier Schrauben (14–15 cm) zusammengehalten, die bis in die Kanthölzer hinein geschraubt werden. Zusätzlich können zwei bis vier kürzere Schrauben (9 cm) der Länge nach angebracht werden.

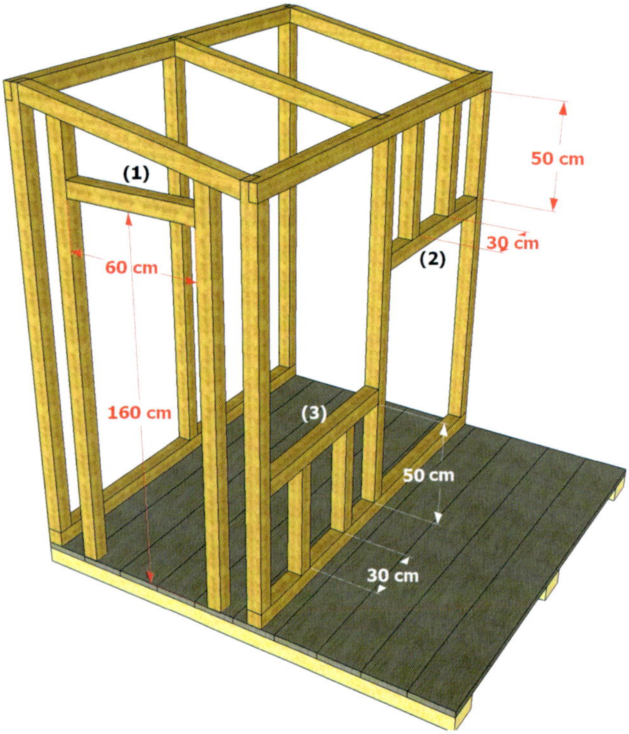

Verschrauben Sie die Querverbindungen **C** am oberen Teil der Rahmengerüste. Ohne Hilfsmittel zur Fixierung wird es schwierig, die beiden Rahmen mit den Querverbindungen **C** aufzubauen. Holen Sie sich ein bis zwei Helfer, die Ihnen die Rahmen halten, bis Sie den Aufbau fertiggestellt haben.

Bringen Sie an der Vorderseite Pfosten **(1)** an, die die Eingangstür bilden. Befestigen Sie die Aufbauten für die Türchen **(2)** und **(3)**.

Variante

Es genügt auch ein einziges Türchen. Das untere eignet sich für alle Hühnerrassen, egal welcher Größe. Das obere Türchen ist nur für leichtere Rassen gedacht.

Zum Schluss montieren Sie die Holzstruktur für den Vorbau (durch Verblattung). Die Verstärkungen im 45°-Winkel **(1)** sind nicht unbedingt erforderlich: Sie spielen vor allem eine ästhetische Rolle.

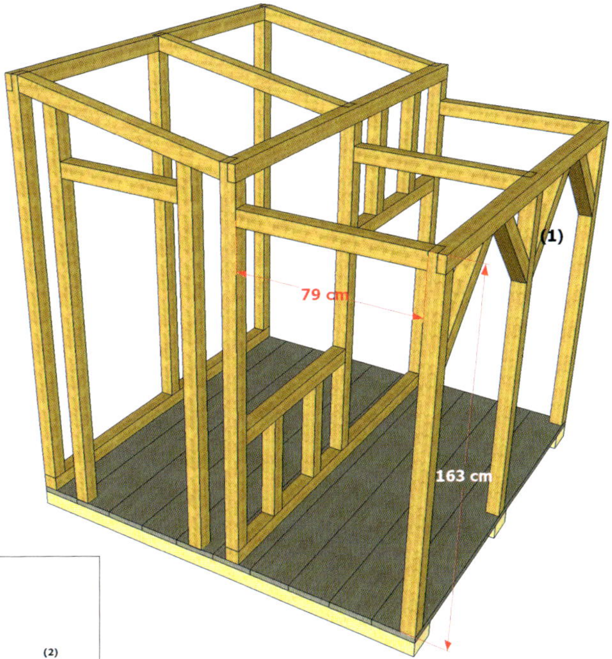

Denken Sie schließlich auch daran, den Winkel an den Kanten der Querverbindungen **(2)** nachzuarbeiten, um das Dach bzw. die Dachlatten aufzulegen.

Schritt 3: Wände einbauen

Beginnen Sie mit dem Aufbau von Seitenwand **A**, danach folgt Seitenwand **B**. Letztere erfordert etwas mehr Anpassungsarbeit. Der Plan wurde für 20 cm breite Bretter optimiert, wobei dann keine langwierigen Zuschnitte anfallen. Bauen Sie dann die Vorder- bzw. Rückwand **C** bzw. **D** auf, wobei der Rand der Wände **A** und **B** bedeckt wird.

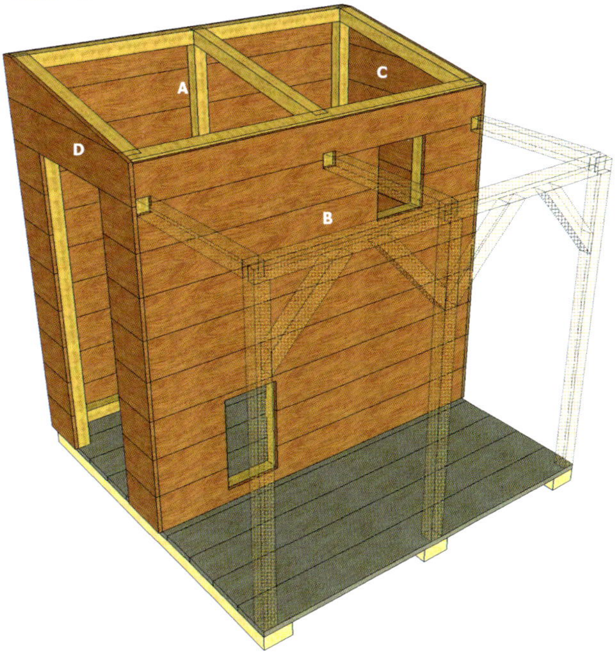

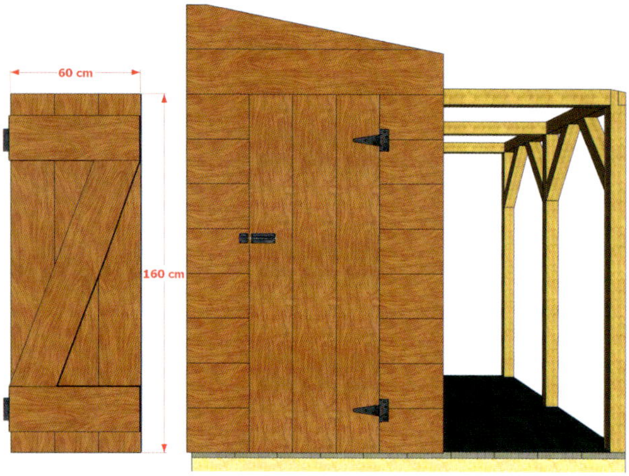

Schritt 4: Vordertür zusammenbauen und einsetzen

Die Tür und ihre z-förmige Verstärkung werden mit den gleichen Brettern zusammengebaut wie die Wände.

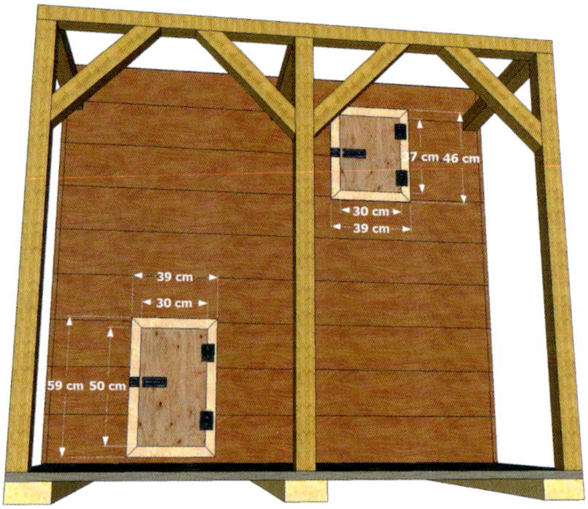

Schritt 5: Türchen und Plattform einbauen

Bauen Sie die Rahmen der Türchen mit Hilfe von Nägeln zusammen und bringen Sie dann die Türen und Scharniere an.

Beachten Sie bitte, dass das Türchen auf der oberen Etage (das den kleinen Hühnern vorbehalten ist) niedriger ist als das untere.

Wenn Sie sich für das Türchen auf der oberen Etage entschieden haben, befestigen Sie davor die Plattform.

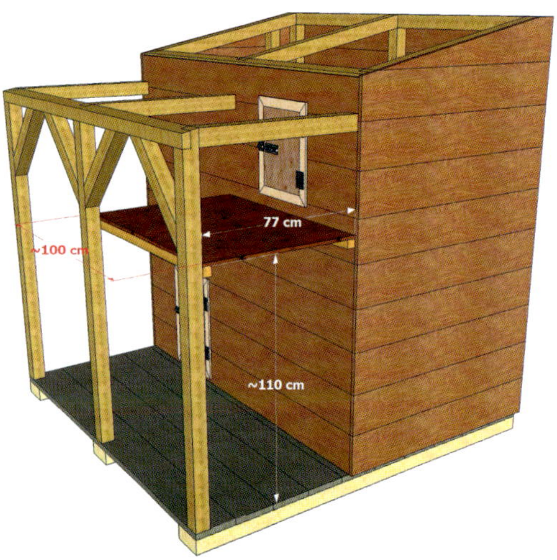

Schritt 6: Einbau des Daches

Das Dach besteht aus zwei Dachplatten **A** und **B**, die aus den gleichen Brettern zusammengebaut werden wie die Wände. Die Platten werden einfach oben und unten an zwei quer verlaufende Bretter angenagelt, die alles zusammenhalten (siehe Dachplatte **B** Innenseite). Danach nageln Sie jedes Brett auf den Leisten **(1)**, **(2)** und **(3)** fest.
Abschließend bedecken Sie das Dach mit den Schindeln, die Sie danach annageln.

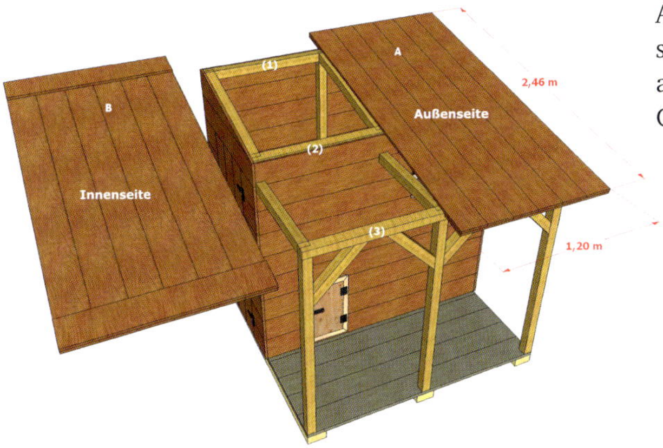

Variante

Schieferplatten eignen sich auch sehr gut, wenn man dem Stall einen gewissen „Look“ verleihen möchte.

Schritt 7: Mit Rindenholz verkleiden

Das Anbringen des Rindenholzes ist optional.

Gut zu wissen

Verwenden Sie zur Befestigung möglichst kleine Nägel, damit Sie keine Probleme haben, die Fassadenverkleidung später ganz oder teilweise zu ersetzen.

Innenausstattung

Jede Etage besteht aus zwei Brettern mit einer Breite von 40 cm, die für die Reinigung leicht herausgenommen werden können. Der kleine Anschlag **(1)** verhindert, dass diese verrutschen. Die Höhe der einzelnen Etagen ist nur als Richtwert zu verstehen – sie hängt von der Größe der Hühner ab.

Varianten

Nur ein einziges Türchen unten:

- Sitzstange **(2)** entfällt.
- Etage A ist nicht erforderlich, höchstens als Stauraum für Material und Futter.

Spezialstall für Legehennen

Dieses Modell, speziell für die Unterbringung von Legehennen konzipiert, besticht durch seine Ästhetik und die originellen großen Fenster. Das Legenest, das vollständig in die Struktur integriert wurde, bietet Platz für bis zu fünf Legehennen. Bei unserem Modell besteht es aus vier Abteilen, die für große Hühner etwa der Rasse Orpington gedacht sind.

Gut zu wissen

Die Legehennen aus der Massentierhaltung sind oft nur von mittlerer Größe (2 kg). Orpington-Hühner gehören jedoch zu den schweren Rassen (bis zu 3,5 kg), daher die unterschiedliche Anzahl der Legenestabteile.

IDEAL für die Haltung eines gleichmäßigen Bestandes an Legehennen. Option 2 (mit Voliere) wird besonders denjenigen gefallen, die sehr junge und bereits selbständige (befiederte) Tiere halten, die Sie bis zum Erreichen einer gewissen Größe noch nicht ins Freiland entlassen wollen.

AUSREICHEND für bis zu 12 große Hühner

GRÖSSE: 2,25 m²

HANDWERLICHE KENNTNISSE: ***

KOSTEN: um die 500 € + 100 € für Option 2 mit Voliere (ohne Mittel zur Holzbehandlung)

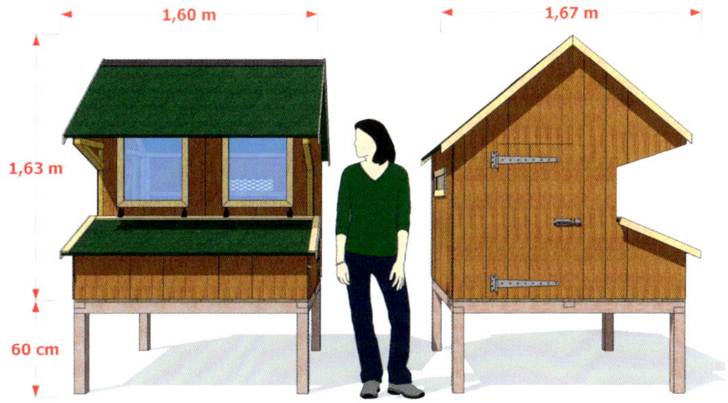

Auf die Grundstruktur **A** wird der Boden **B** gelegt. Danach ruht das restliche Gebäude auf diesem Ensemble aus **A + B**.

Option 1, links: Die Grundstruktur ist ein einfaches Stützgerüst, das den Hühnerstall vom Erdboden trennt. Je nach Bedarf kann ihre Höhe von 20 cm bis 1 m variieren.

Option 2, rechts: Die Grundstruktur ist eine Mini-Voliere. Der Boden wird entsprechend angepasst, d.h., mit einer Klappe und einer Hühnerleiter versehen.

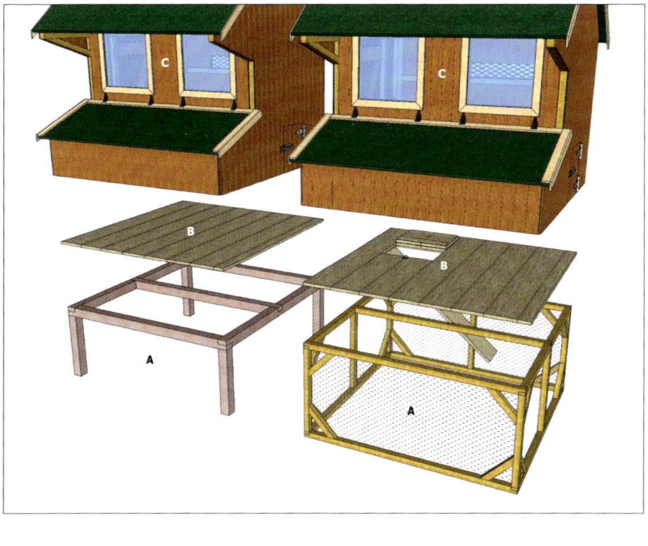

Materialbedarf

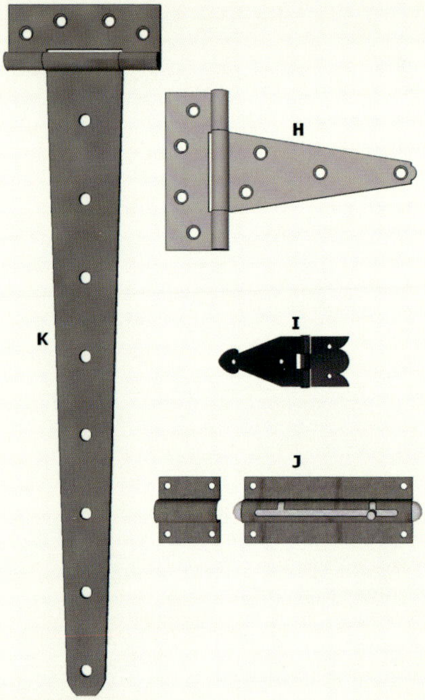

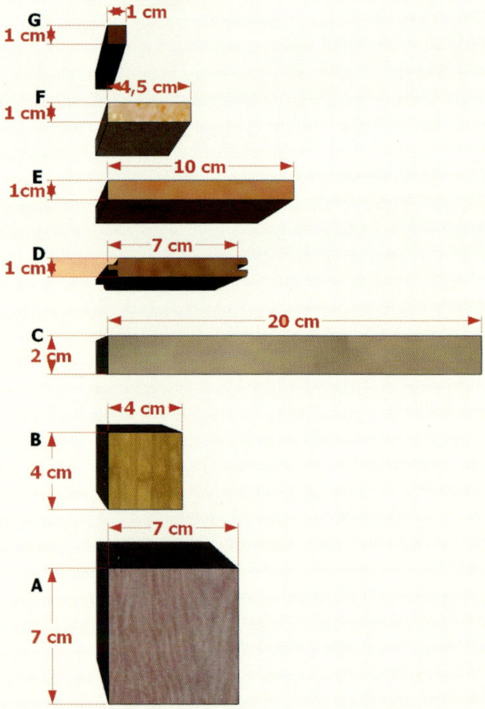

A **Leisten** [10 m]. Stützgerüst Option 1.
B **Leisten** [43 m]. Grundstruktur.
B **Leisten** [+ 23 m]. Voliere Option 2.
C **Bretter** [12 m (2,5 m²)]. Boden.
D **Holzpaneele** [96 m (7 m²)]. Wände, Tür, Klappe.
E **Brett** [2 m]. Verstärkung Tür.
F **Latten** [14 m]. Verstärkungen Fenster, Eckleisten.
G **Zierleisten** [4,5 m]. Gleitschienen Legenest.
H **2 Scharniere**. Klappe.
I **4 kleine Scharniere**. Legenester.
J **2 Schieberiegel**. Tür, Klappe.
K **2 Scharniere**. Tür.

Hinzu kommt (gerundet auf ½ m²):

- Furnierholz 10 mm [1 m²]. Trennwände Legenester x 4.
- Spanholzplatte 19 mm [4 m²]. Dach. Dach Legenest.
- Dachpappe [5 m²]. Dach.
- Dachfirst mit Dachpappe [1,60 m]. Dach.
- Fenster- oder Plexiglas [1,3 m²]. Fenster.
- Gitter [4 m²]. Voliere Option 2.

Bauanleitung

Schritt 1: Den Unterbau errichten

Option 1, oben:
Einfaches Stützgerüst.
Sowohl das Stützgerüst als auch die Verstärkung in der Mitte **A** werden durch Verblattung zusammengebaut und dann verschraubt. Danach nageln Sie den Boden auf das Stützgerüst.

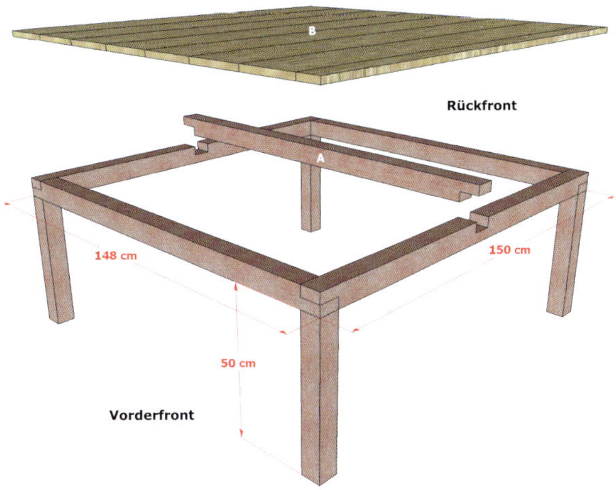

Option 2, Mitte:
Voliere als Stützgerüst.
Bauen Sie die beiden Rahmen (oberen und unteren) durch Verblattung zusammen und verstärken Sie diese durch Winkelverstrebungen. Verschrauben Sie zuerst die Querverstärkungen **A**, danach die vordere bzw. hintere Verstärkung **B**.
Bringen Sie das Gitter an.
Die zahlreichen 45°-Verstärkungen in den Winkeln sind bei diesem Modell notwendig, damit das Gewicht des Stalls und seiner Insassen sicher getragen wird.

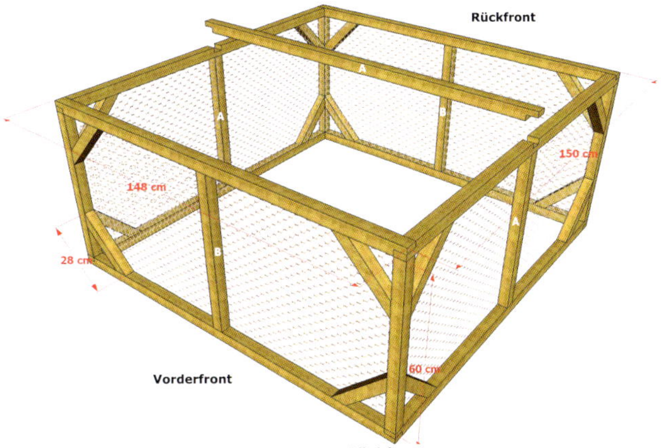

Nageln Sie den Boden auf das Stützgerüst.
Schneiden Sie die Klappe heraus und verwenden Sie den Verschnitt für das Türchen. Die Öffnung befindet sich gegenüber der Tür, um den Zugang zu erleichtern.

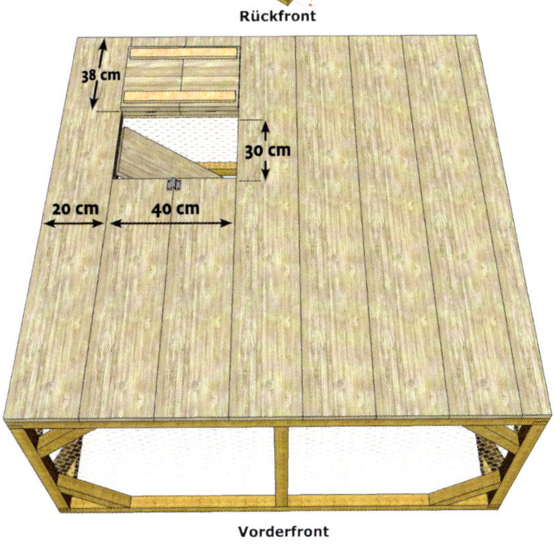

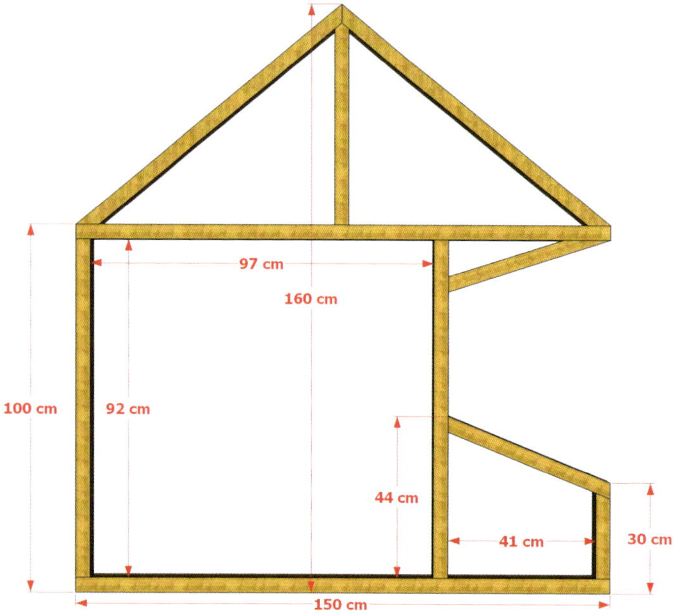

Schritt 2: Aufbau der Gebäudestruktur

Montieren Sie die beiden gleichen Rahmengerüste links und rechts.

Tipp

Hier ist es unnötig, mit Verblattung zu arbeiten. Die Struktur erhält ihre Festigkeit, sobald die Wände eingesetzt werden.

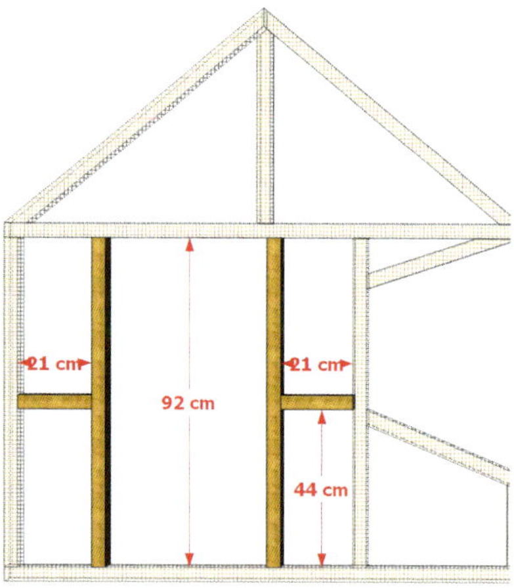

Linkes Rahmengerüst (große Tür)

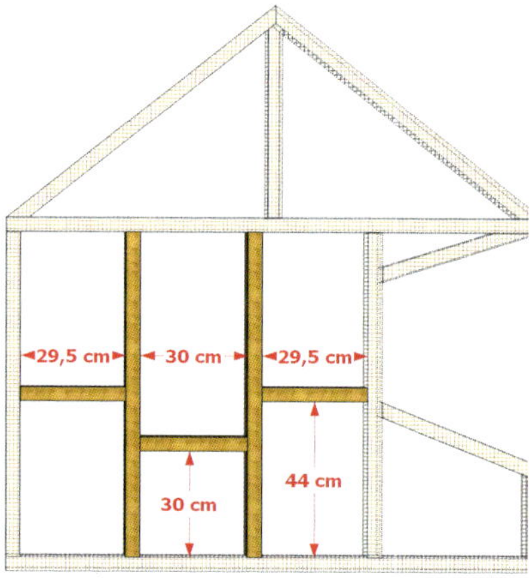

Rechtes Rahmengerüst

Verschrauben Sie die zusätzlichen Leisten auf jedem Rahmengerüst.

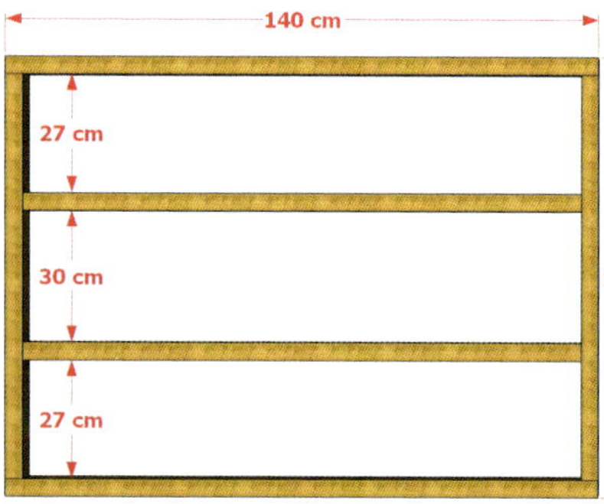

Vorderes Rahmengerüst

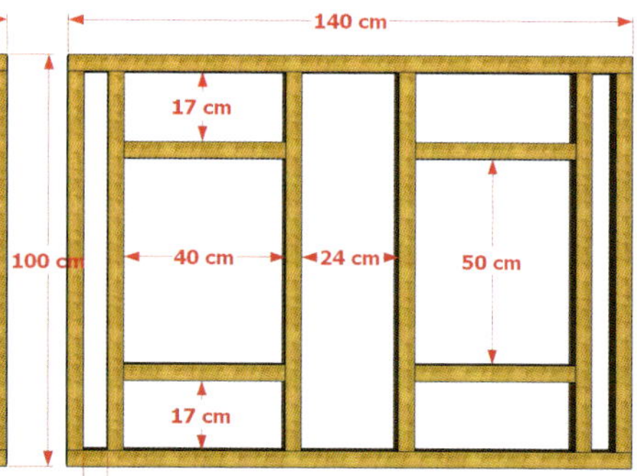

Hinteres Rahmengerüst (Fenster)

Montieren Sie das vordere und hintere Rahmengerüst.

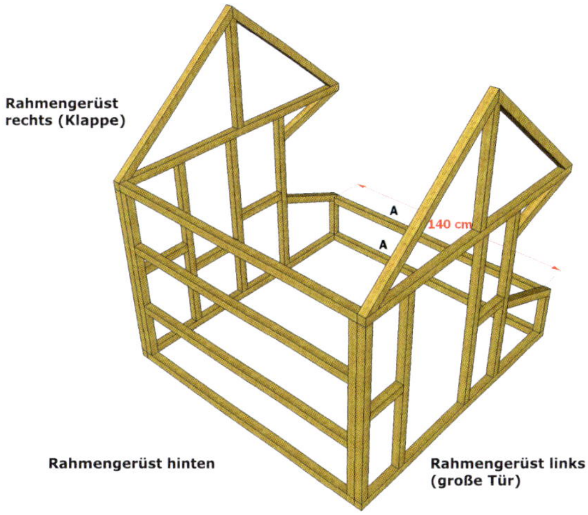

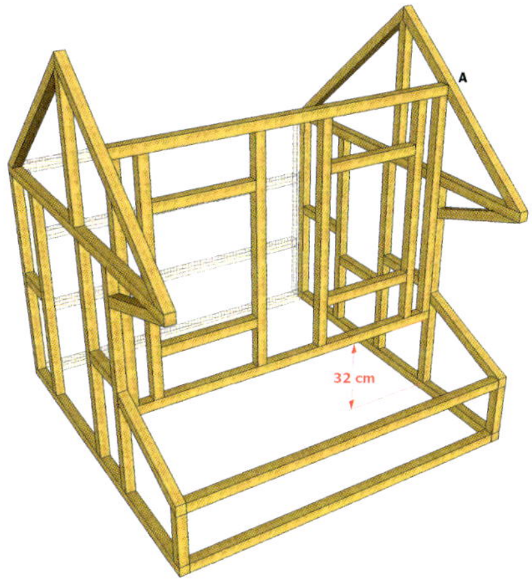

Bauen Sie das linke und rechte Rahmengerüst mit dem hinteren Rahmen zusammen. Schrauben Sie an der Vorderseite die beiden Leisten **A** des Legenestes an.

Zum Schluss wird die ganze Struktur durch Anschrauben des vorderen Rahmengerüstes fertiggestellt. Achtung: Letzteres wird höher als das hintere Rahmengerüst platziert, d.h., es muss sich auf gleicher Höhe mit dem Dach **A** befinden.

Schritt 3: Wände anbringen

Beginnen Sie mit dem linken Rahmengerüst (Seite mit der großen Tür). Bringen Sie das erste Holzpaneel **A** an der Seite an.

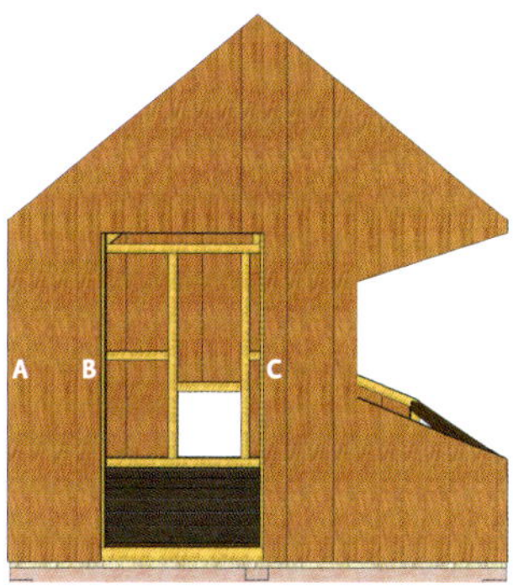

Verkleiden Sie das rechte Rahmengerüst (Klappenseite) komplett und schneiden Sie dann die Öffnung für die Klappe mit einer Stichsäge heraus. Heben Sie den Verschnitt auf, um daraus die Klappe herzustellen.

Tipp

Für nicht so gut ausgestattete Heimwerker ist es am einfachsten, die Paneele treppenförmig zu platzieren und dann mit einer Stichsäge (oder von Hand) zuzuschneiden, wobei Sie sich an den Leisten des Rahmengerüstes orientieren müssen.

Hinweis

Der Plan wurde für Holzpaneele von 7 cm optimiert. Die große Tür muss nicht unbedingt nachträglich herausgeschnitten werden, da das Holzpaneel B sich genau auf Höhe der ersten vertikalen Leiste der Tür befindet. Starten Sie also bei Holzpaneel C. Wenn die Paneele eine andere Größe aufweisen, dann bedecken Sie die Seite komplett und schneiden Sie danach die Tür aus.

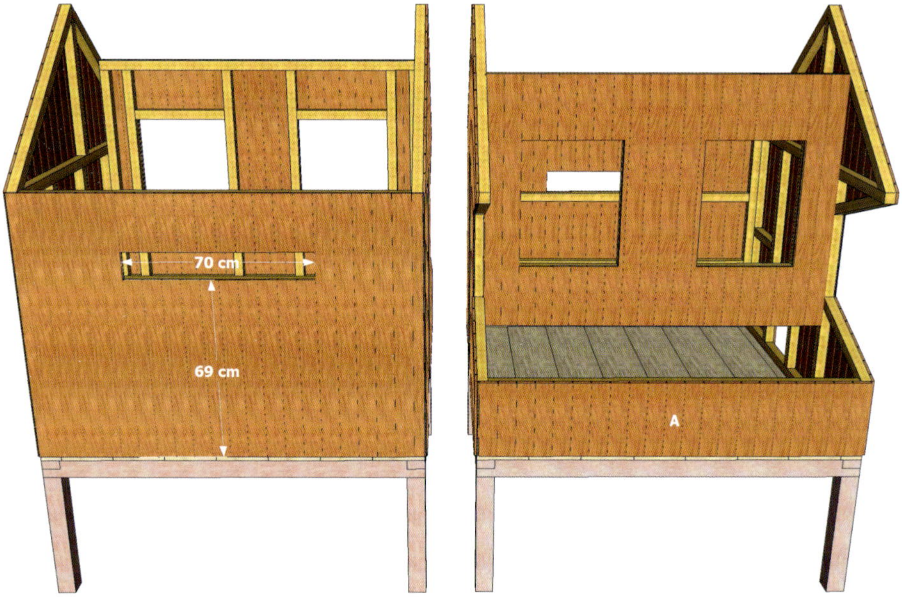

Bringen Sie die Rückwand an und schneiden Sie die Belüftungsöffnung heraus. Bringen Sie die Vorderwand an und schneiden Sie die beiden Fensteröffnungen heraus.
Vergessen Sie nicht, die Vorderfront des Legenestes **A** abzudecken.

Zum Schluss befestigen Sie die Verstärkungen um die vergitterte Belüftungsöffnung herum und vervollständigen die Vorderfront, indem Sie die Verstärkungen und Fensterscheiben anbringen.

Schritt 4: Tür und Klappe einsetzen

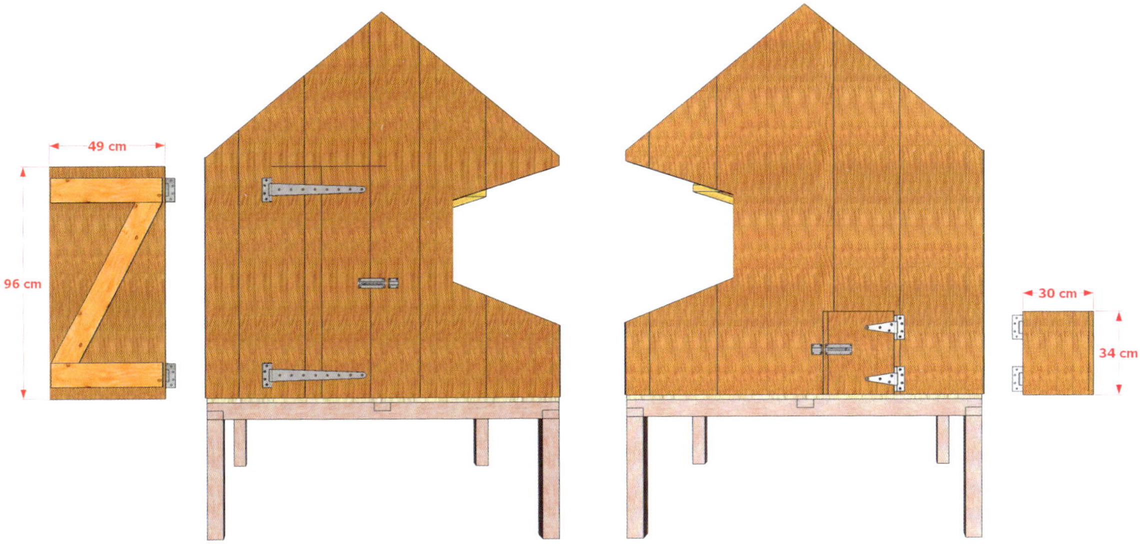

Bauen Sie die Tür und ihre z-förmige Verstärkung und befestigen Sie sie anschließend.

Danach bauen Sie die Klappe zusammen und befestigen Sie sie. Hier ist eine Verstärkung nicht unbedingt erforderlich; die Paneele werden untereinander einfach verklebt.

Schritt 5: Das Dach aufsetzen

Wernn Sie die Spanholzplatten zugeschnitten und mit Dachpappe bezogen haben, befestigen Sie sie auf den Dachleisten. Für eine bessere Dachabdichtung ist die Verwendung von TRCC-Bolzen empfehlenswert. Kleben oder nageln Sie den Dachfirst **A** und danach die Eckleisten **B** fest.

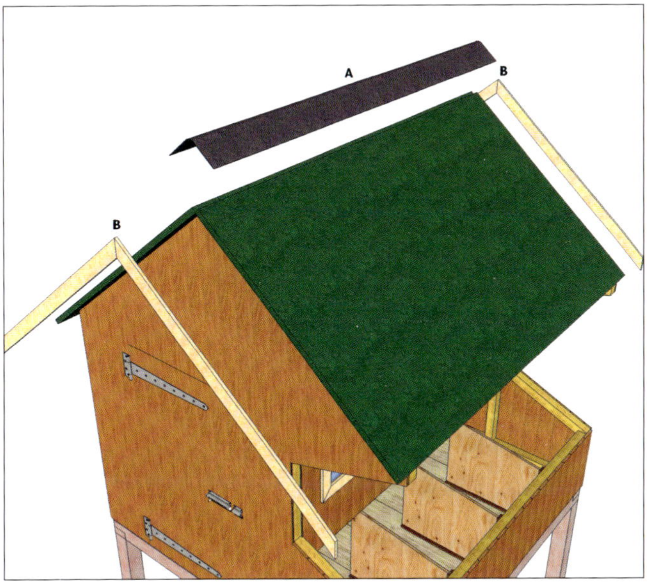

Schritt 6: Ausstattung des Legeabteils

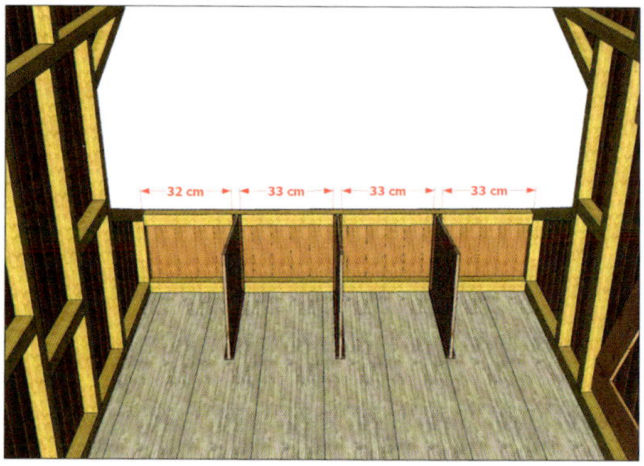

Nageln sie die kleinen Schienen **A** fest, in denen die Trennwand aus Furnierholz **B** verschoben werden kann.

Mit drei Trennwänden erhalten Sie vier Legenester von ungefähr 32 cm Breite. Wenn Sie durch eine zusätzliche Trennwand fünf Legenester erhalten möchten, dann verringert sich die Breite auf ca. 25 bis 26 cm.

Schritt 7: Legeabteildach anbringen

Schneiden Sie die Holzplatte zu und beziehen Sie sie mit Dachpappe. Passen Sie die Eckleisten **A** an und befestigen Sie sie mit Klebstoff oder Nägeln. Bringen Sie die Scharniere an und befestigen Sie zum Schluss die seitlichen Eckleisten **B**.

Innenausstattung

Im Inneren lassen sich problemlos zwei bis drei Sitzstangen platzieren.

Tipp

Falls nötig, können Sie bei allen Modellen, die auf Stelzen aufgebaut sind, die beiden Seiten, die dem Wind ausgesetzt sind (A) zumachen. So sind die Hühner, und auch die Futterbehältnisse, vor Witterungseinflüssen geschützt.

Legehennen und Rassehühner zusammen

Mit diesem Hühnerstall kann der Züchter seine Legehennen während der Winterzeit mit einer Rasse mischen, die gerade wieder im Kommen ist, beispielsweise die Australorps. Wenn die Zeit der Fortpflanzung kommt, werden die Hühner wieder getrennt: In die eine Stallhälfte kommen die Legehennen, in die andere die Rassehühner. In dem Mehrzweckabteil können die Rassenhühner auch brüten. Wenn Sie Ihren Stall nach diesem Prinzip nutzen möchten, sollte das Außengehege ebenfalls in zwei Hälften aufgeteilt werden können.

Teilbarer Hühnerstall

Die Besonderheit dieses Hühnerstalls liegt darin, dass man ihn schnell und einfach von einer „großen Version“ in eine „kleinere Version“, bestehend aus zwei Hälften, umwandeln kann. Er wurde für alle Hühnerrassen konzipiert und ist einfach zu pflegen. Die Größe dieses Modells ist auf das verwendete Grundmaterial zurückzuführen: imprägnierte „Klick-Fassadenelemente“, die in Form von 3m-Brettern zum Preis einfacher Dachlatten erhältlich sind.

IDEAL für Halter, die ihren Stall von einer großen Version in zwei kleiner umwandeln möchten.

AUSREICHEND für 2 x 8 große Hühner

GRÖSSE: $1{,}20\,m^2 + 0{,}52\,m^2 + 1{,}20\,m^2$

HANDWERKLICHE KENNTNISSE: *** mit „Klick“-Elementen (siehe S. 137), ** mit einfachen Brettern

KOSTEN: um die 600 bis 700 € (Imprägnierung im Preis inbegriffen, nicht aber die Mittel zur Holzbehandlung)

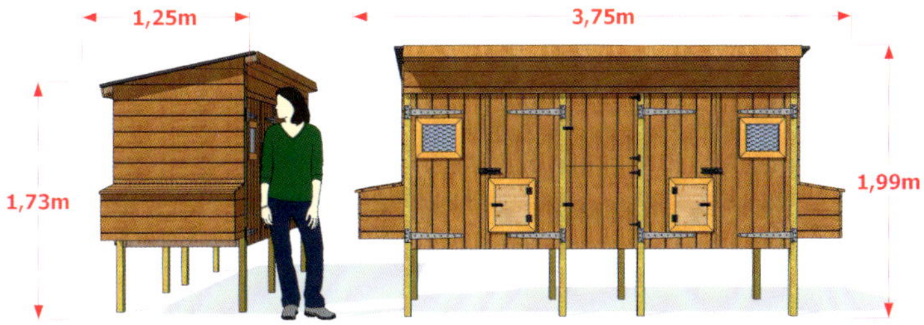

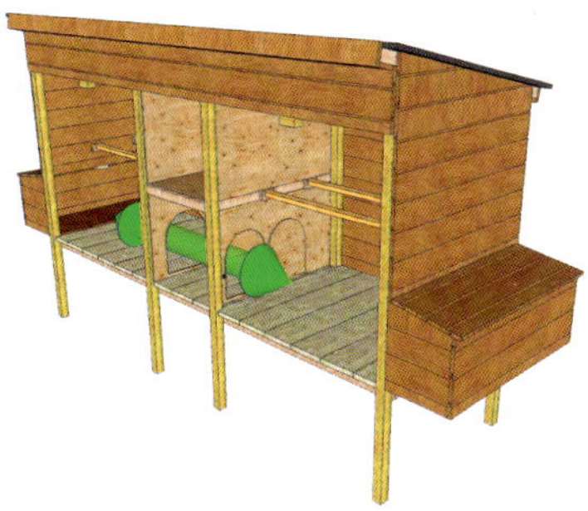

Zusatzausstattung

Ein Wasserspeicher versorgt automatisch die Trinkbehälter; ein Ziegeldach dient als Beschwerung des Stalls, der dadurch auch starkem Wind standhält.

In der „geschlossenen“ Ausführung besteht das Gebäude aus zwei mittelgroßen Ställen **A**, einer Abstellkammer **B** und einem Mehrzweckabteil **C**.

In der „offenen“ Ausführung gibt es nur einen einzigen Stall, in dem die Hühner durch kleine Türen im Innern hin- und herlaufen können. Das Mehrzweckabteil kann beispielsweise dazu verwendet werden, eine Glucke ungestört unterzubringen (Tür zu einer einzigen Seite offen) oder sie bis zum Schlüpfen der Küken komplett zu isolieren (zwei Türen geschlossen).

Materialbedarf

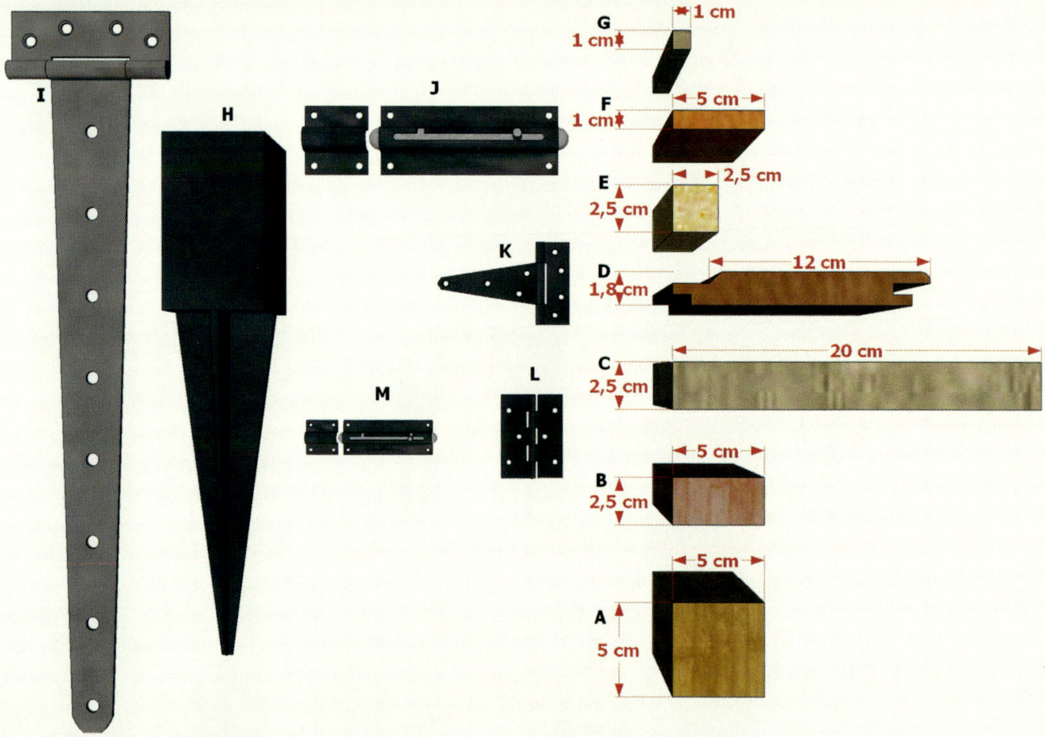

A **Leisten** [15 m]. Grundstruktur.
B **Leisten** [33 m]. Grundstruktur.
C **Bretter** [15 m (3 m²)]. Boden.
D **„Klick"-Fassadenelemente** [128 m (16 m²)]. Wände, große Türen.
E **Leisten** [10 m]. Verschiedene Stützen.
F **Latten** [14 m]. Rahmen kleine Türen, Verstärkungen große Türen.
G **Zierleiste** [5,5 m]. Gleitschienen für Trennwände im Legenest.
H **8 Auflagen für Pfosten 50 x 50 mm** mit Erdspießen.
I **8 Scharniere** [40 cm]. Große Türen.
J **2 Schieberiegel**. Große Türen.
K **4 kleine Scharniere**. Türen Abteile.
L **8 kleine, einfache Scharniere**. Innen- und Außentürchen.
M **6 kleine Schieberiegel**. Innen- und Außentürchen, Abteile.

Hinzu kommt (gerundet auf m²):

- Außenfurnierholz 16 mm [1 m²]. Boden Legenest.
- Außenfurnierholz 10 mm [3,5 m²]. Türchen, Innenwände, Abteilboden, Trennwände Legenest.
- Transparente Plastikfolie 5 mm [0,5 m²]. Fenster, große Türen.
- Spanholzplatte 19 mm [4 m²]. Dach.
- Teerpappe [5 m²]. Dach.

Bauanleitung

Schritt 1: Die Grundstruktur aufbauen

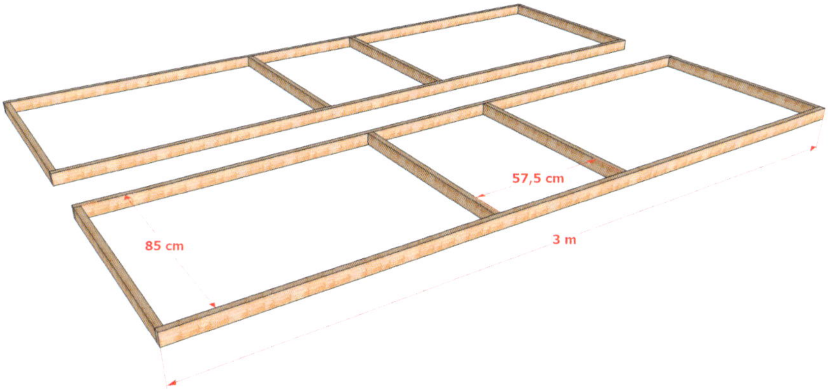

Bauen Sie mit den Leisten 5 x 2,5 cm zwei identische Rahmengerüste zusammen.

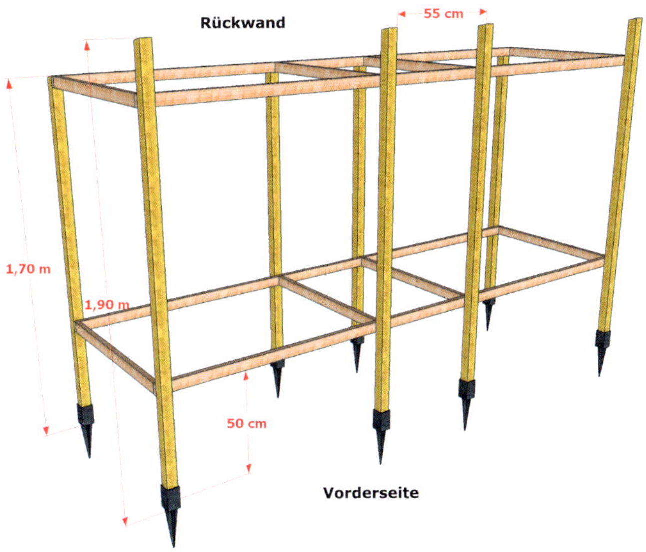

Tipp

Da das Holz der Pfosten und das der Rahmenleisten unterschiedlich dick ist, können Sie letztere ganz leicht an die Pfosten anschrauben, ohne dass Sie eine Verblattung durchführen müssen.

Der Zusammenbau der Grundstruktur muss am endgültigen Standort des Hühnerstalls erfolgen. Stellen Sie nacheinander die vier Eckpfosten auf und befestigen Sie zuerst den unteren, danach den oberen Rahmen. Stellen Sie nacheinander auch die vier mittleren Pfosten auf.
Der obere Rahmen schließt auf gleicher Höhe mit den hinteren Pfosten ab.

Bitte beachten!

Vorne schließt dieser kleine Rahmen nicht ganz auf gleicher Höhe mit den Pfosten (1) ab, damit die Türen der beiden Abteile ungehindert geschlossen werden können. Die frei bleibende Fläche entspricht genau der Türstärke (hier 18 mm).

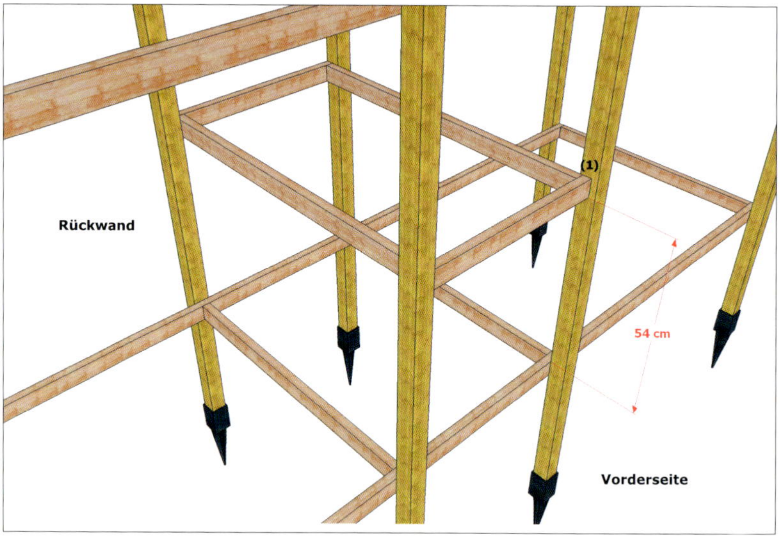

Befestigen Sie den kleinen horizontalen Rahmen an den vier mittleren Pfosten.

Überprüfen Sie die Winkel am oberen Teil der 8 Pfosten (dies kann auch vor dem Aufstellen der Pfosten erfolgen).
Befestigen Sie Leiste **B**, danach die Dachstützen **A** und **A1**. Die 4 Stützen **A** werden auf die Pfosten aufgeschraubt, die Stützen **A1** auf den oberen Teil des hinteren Rahmens und die Leiste **B**.

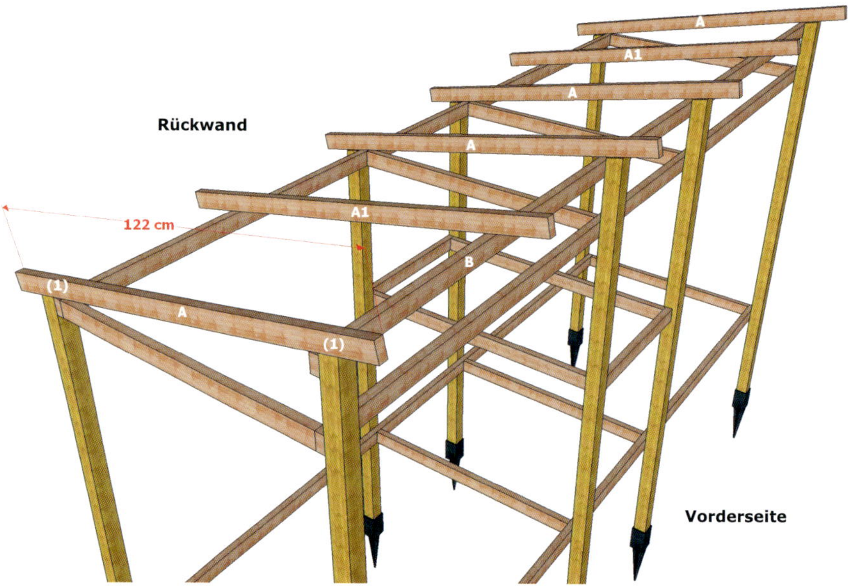

Schritt 2: Den Boden legen

Vernageln Sie den Boden auf dem unteren Rahmen der Grundstruktur.

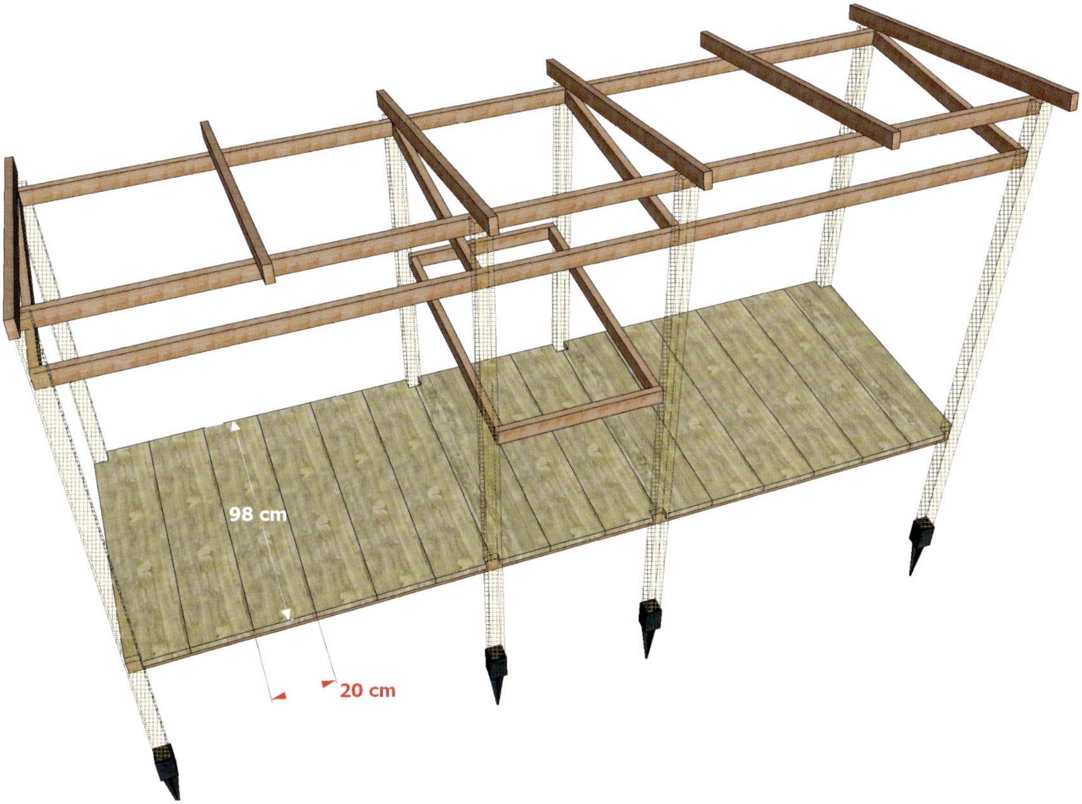

Bitte beachten!

Auf der Rückseite schließt der Boden auf gleicher Höhe mit den Pfosten ab (1). Vorne hingegen gibt es eine leichte Verschiebung (2), die wieder der Türstärke entspricht, sodass die Scharniere auf den Pfosten befestigt werden können.

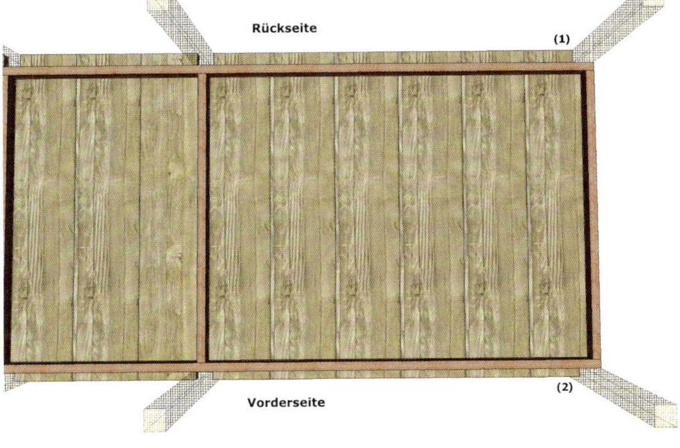

Boden, von unten gesehen

Schritt 3: Aufbau der Legenester

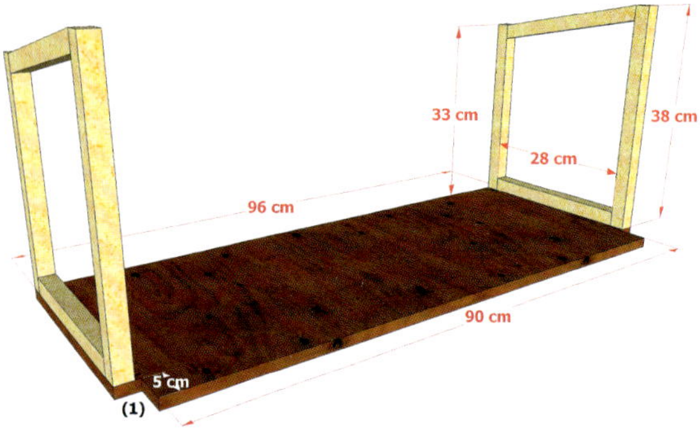

Die Legenester befinden sich an den Seiten des Hühnerstalls, als Auskragung. Der Boden jedes Legenestes wird vorne ausgeschnitten, sodass ein Zapfen **(1)** entsteht, der zwischen die beiden Pfosten der Grundstruktur eingepasst werden kann. Dieser Zapfen überlagert sich mit dem Boden des Stalls. Befestigen Sie die beiden seitlichen Rahmen des Legenestes auf dem Boden.

Nageln Sie die Wände **A** mit kleinen Nägeln an die Seiten an. Beginnen Sie mit dem halben Brett an der Unterseite, indem Sie es auf den Rand vom Legenestboden montieren und dann die Wand aufbauen. Das Brett an der Oberseite wird abgeschnitten, damit es dem Winkel des Rahmens entspricht. Gehen Sie auf die gleiche Weise vor, wenn Sie die Rückwand **B** aufbauen.

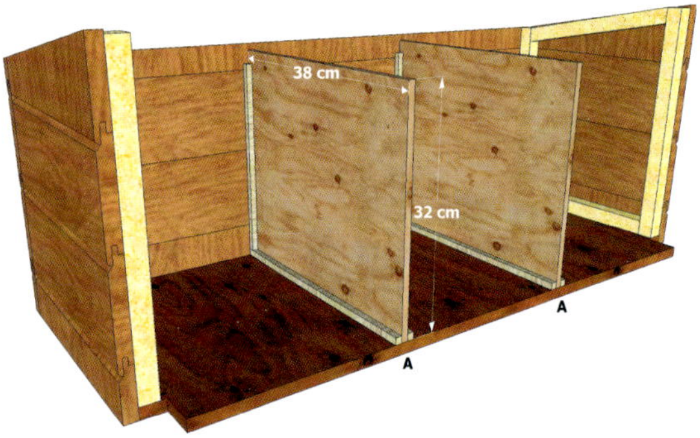

Kleben Sie die beiden Schienenreihen **A** an, sodass die Trennwände darin verschoben werden können.

Bauen Sie das Dach zusammen, das wie ein Deckel auf das Legenest aufgelegt wird. Die beiden kleinen Leisten **A** werden so angebracht, dass sie auf der Innenseite der Rahmen aufliegen, um das Dach in der richtigen Position zu halten.

Schritt 4: Legenester anbauen

Der Zapfen des Legenestbodens (1) verläuft zwischen den beiden Pfosten und ruht auf dem Boden des Hühnerstalls. Die Schrauben werden wie auf der Zeichnung platziert, d.h. unten und seitlich.

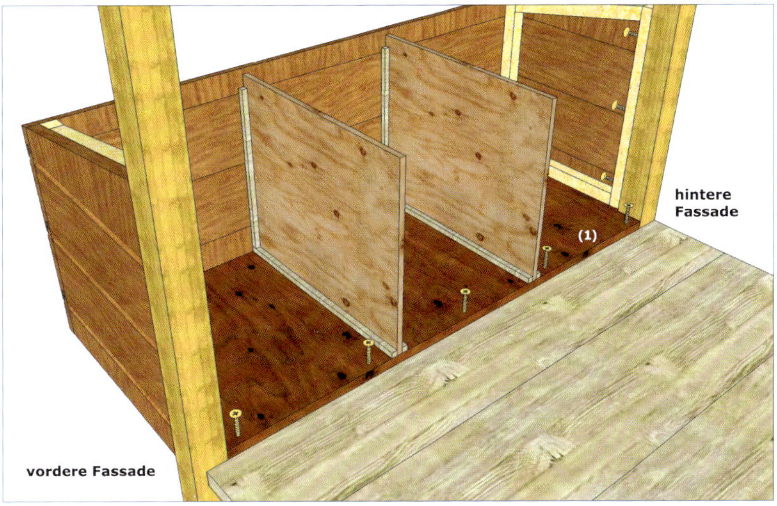

Schritt 5: Außenwände setzen

Fangen Sie an den Seiten an, indem Sie zuerst an der Unterseite ein halbes Brett (1) anbringen. Montieren Sie dann die Rückwand.

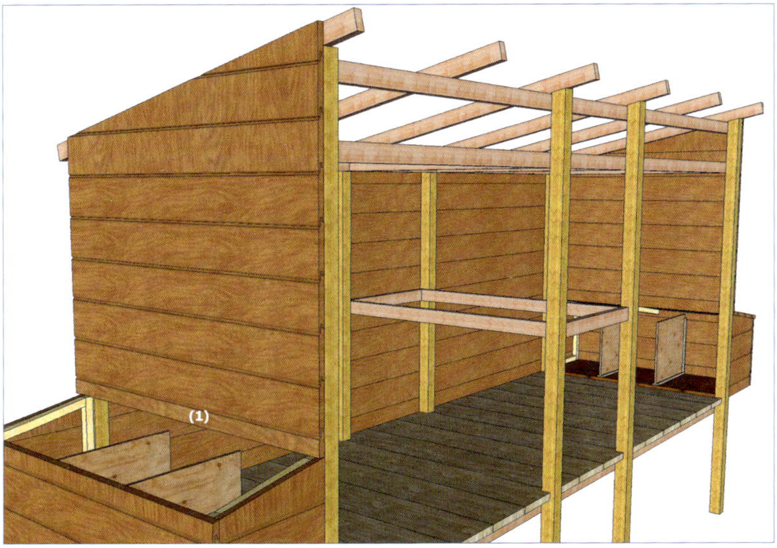

Schritt 6: Innenwände einbauen

Schneiden Sie aus den Wänden **A** die Verbindungstürchen aus. Letztere können danach sofort mit ihen Scharnieren und Riegeln montiert werden. Diese sollten vorne angebracht sein, um den Zugang zu erleichtern.
Nageln Sie die Wände **A** und **B** auf den mittleren Pfosten fest.
Der Abteilboden **C** wird nur aufgelegt.

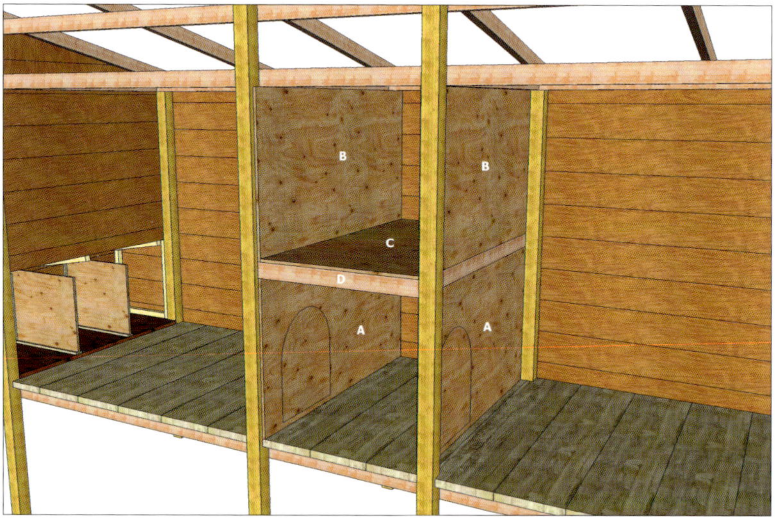

Bitte beachten!

An der Vorderseite schließen die Wände A und B sowie der Abteilboden C mit der Kante des Rahmens C ab.

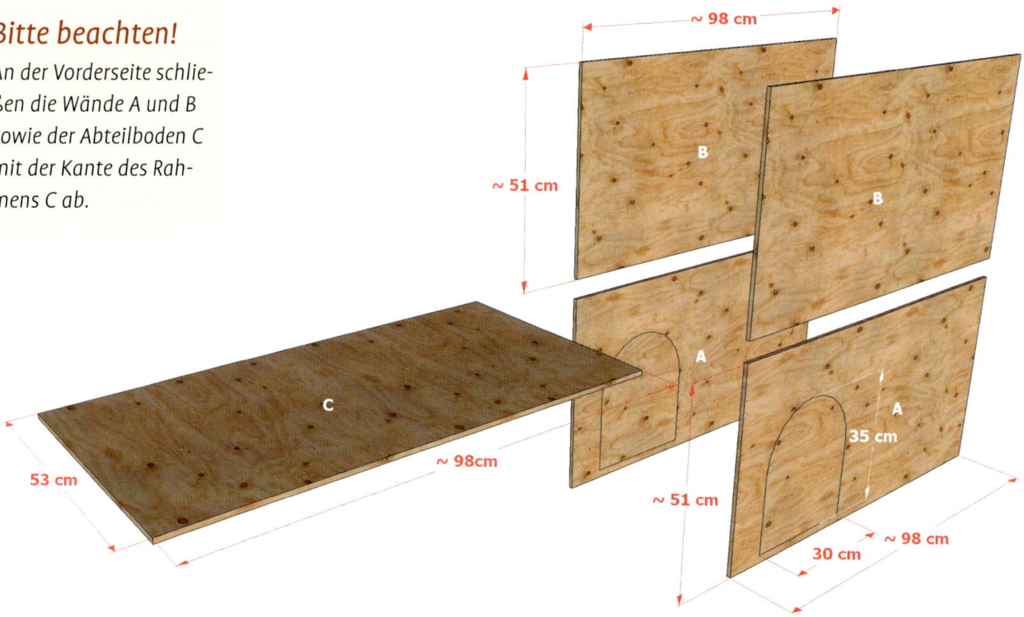

Schritt 7: Aufbau der Haupttüren

Bauen Sie die Türflügel sowie ihre z-förmigen Verstärkungen zusammen.
Markieren Sie die Stellen für Fenster und Türchen und schneiden Sie sie danach aus.
Befestigen Sie die äußeren Rahmen und das Türchen.
Das Fenstergitter wird auf der Innenseite des Rahmens **(3)** angebracht. Dahinter platzieren Sie ein Rechteck aus transparenter Plastikfolie. Wegen der Belüftung ist es ratsam, die Folie nur mit ein paar einfachen, L-förmigen Häkchen zu befestigen, die sich bei Bedarf abschrauben lassen.

Bitte beachten!

Damit die Türen einen bündigen Rand erhalten, entfernen Sie den mit Nuten versehenen Teil der „Klick"-Elemente auf beiden Seiten der Türflügel (1).
Halten Sie den erforderlichen Abstand (2) ein, wenn Sie Fenster und Türchen ausschneiden, damit der Außenrahmen (3) angebracht werden kann.
Die Verstärkungslatte (4) muss bei geschlossener Tür oberhalb des Bodens verlaufen.

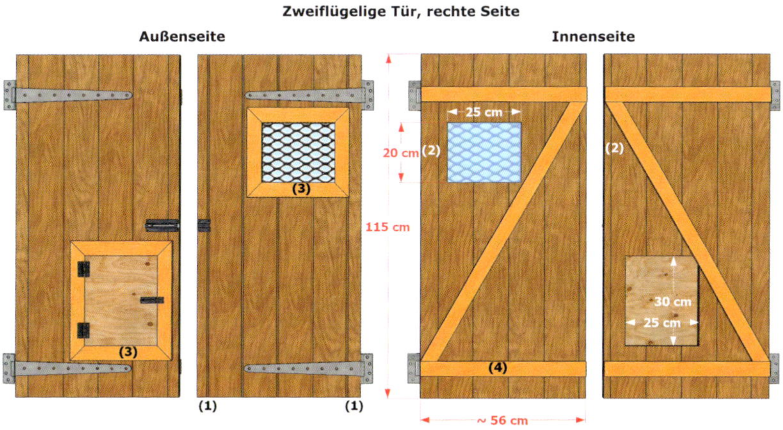

Bringen Sie die Türen mit den Scharnieren an den Pfosten an. Fügen Sie oben auf Leiste **A (1)** noch eine Anschlagvorrichtung hinzu, damit die Türen korrekt schließen.

Schritt 8: Abteiltüren zusammenbauen

Bitte beachten!

Platzieren Sie die Verstärkungsleiste (1) so, dass sie bei geschlossener Tür oberhalb des Abteilbodens verläuft. Die Platzierung der Verstärkungsleiste (2) ist bedingt durch die Platzierung des Scharniers.

Das Aufbauprinzip ist das gleiche wie bei den Haupttüren.

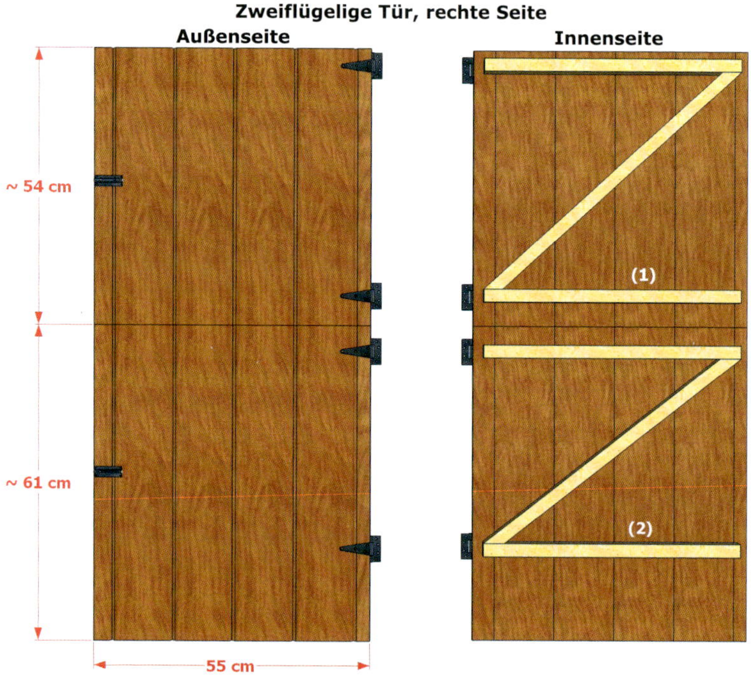

Sobald die Türen angeschraubt sind, stellen Sie den oberen Teil der Vorderfront **(1)** fertig.

Schritt 9: Das Dach auflegen

Beziehen Sie die Spanholzplatte mit Dachpappe und schauben Sie sie auf die Grundstruktur auf.

Zum Schluss dichten Sie die Öffnungen vorn und hinten mit zwei rechtwinklig abstehenden Brettern **(1)** ab.

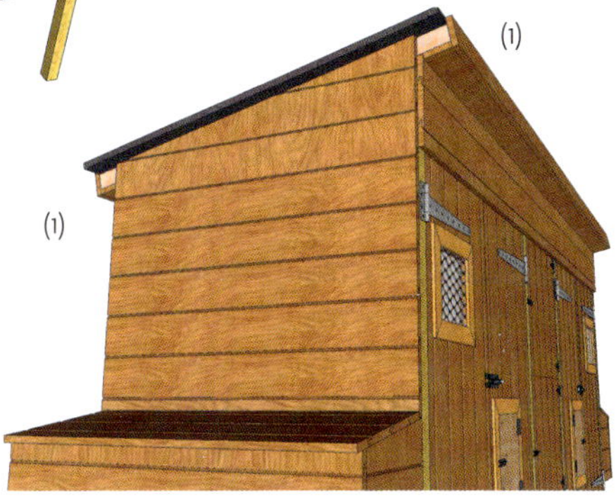

Innenausstattung

Abteil **A** dient als Abstell- und Lagerraum. Wenn Sie Abteil **B** als Brutraum nutzen wollen, dann stellen Sie ein bis zwei mit Heu ausgelegte Kisten hinein.

In den Abteilen **C** lassen sich leicht ein bis drei Sitzstangen anbringen, je nach Größe bzw. Anzahl der Hühner.
Vergessen Sie nicht die beiden abnehmbaren Hühnerleitern für die kleinen Türchen vorne an der Außenseite.

Hühnerstall für zwei Zuchtgruppen

Dieser geräumige Stall ist einfach herzustellen und für alle Hühnerrassen geeignet – auch für anderes Geflügel wie beispielsweise Puten, Pfauen und Perlhühner. Sein Innenraum erlaubt die unterschiedlichsten Ausstattungsmöglichkeiten.

IDEAL für Halter, die mehrere Rassen züchten, doch getrennt halten wollen.

AUSREICHEND für 2 x 10 große Hühner

GRÖSSE: 2,75 m^2 x 2

HANDWERKLICHE KENNTNISSE: *

KOSTEN: um die 800 € (ohne Mittel zur Holzbehandlung)

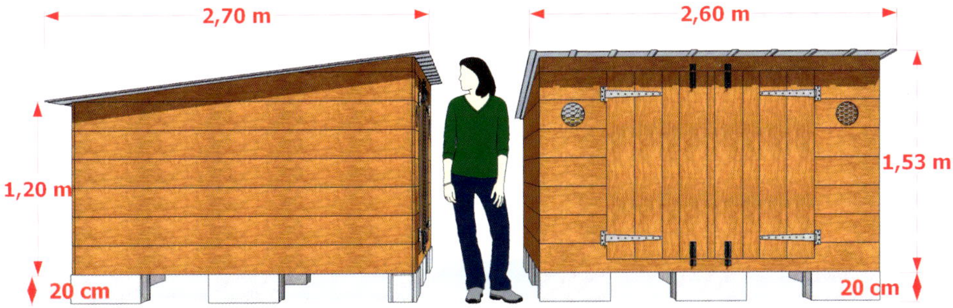

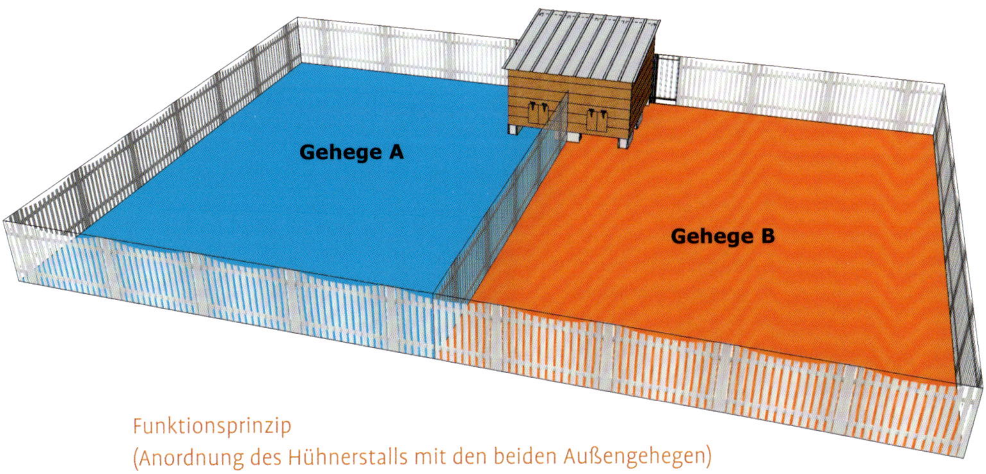

Funktionsprinzip
(Anordnung des Hühnerstalls mit den beiden Außengehegen)

Materialbedarf

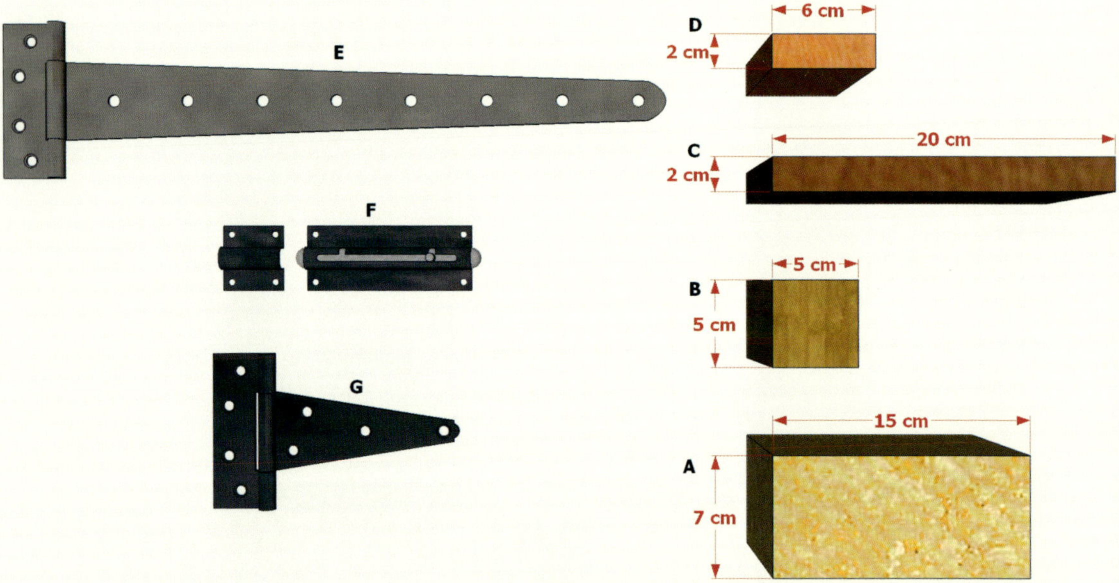

A **Kantholz** [7,20 m (3 x 2,40 m)]. Boden.
B **Leisten** [36 m]. Grundstruktur.
C **Bretter** [103 m (21 m²)]. Boden, Wände, Türen, Klappen.
D **Leisten** [1, 60 m]. Verstärkungen Klappen.
E **4 große Scharniere**. Große Türen.
F **4 bis 6 Schieberiegel**. Türen, Klappen.
G **4 Scharniere**. Klappen.

Hinzu kommt (gerundet auf m²):

- Furnierholz 10 mm [1,5 m²]. Regalböden.
- Trapezblech [8 m²]. Dach.
- 9 Hohlblocksteine (mit jeweils 6 Kammern) 20 x 20 x 50 cm.

Bauanleitung

Schritt 1: Die Grundstruktur aufbauen

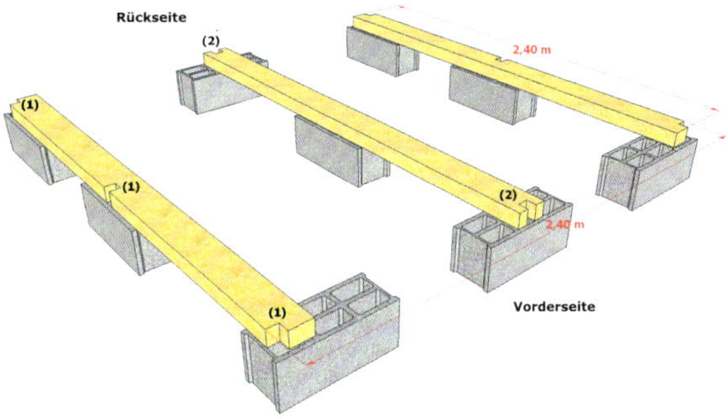

Schneiden Sie die Kanthölzer so zu, dass Sie darauf die Pfosten platzieren können. Bei den beiden äußeren Kanthölzern müssen drei Einschnitte **(1)** vorgenommen werden, bei dem mittleren Kantholz nur zwei Einschnitte **(2)**. Bei allen Einschnitten handelt es sich um 5 x 5 cm große Quadrate (Größe der Pfosten). Platzieren Sie die Kanthölzer und Hohlblocksteine so, dass daraus ein Quadrat mit einer Seitenlänge von 2,40 m entsteht. Achten Sie auf die Ausrichtung der Hohlblocksteine, da die Pfosten in deren Kammern einzementiert werden.

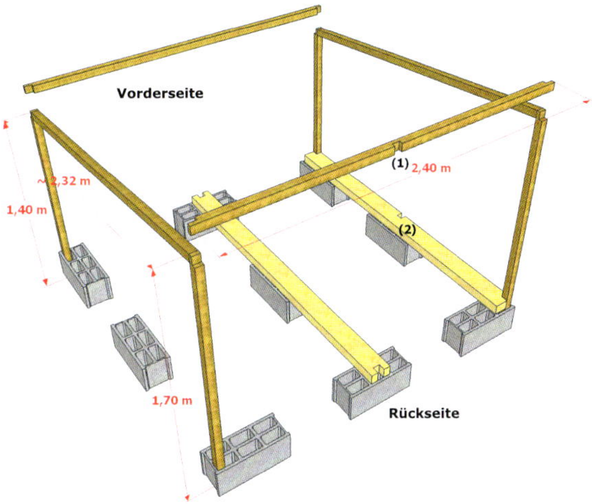

Bereiten Sie die Aufbauten durch Verblattung vor. Eine gibt es oben an jeder Winkelecke des Gebäudes und eine in der Mitte der horizontalen Leiste vorn **(1)**. Beim Aufbau der Grundstruktur sollten Sie die Hilfe von zwei bis drei Personen in Anspruch nehmen. Beginnen Sie, indem Sie die vier Eckpfosten in den Hohlblocksteinen platzieren und die vier horizontalen Leisten anschrauben.

Tipp

Benutzen Sie die Kanthölzer als Unterlegkeil, um den Pfostenabstand auszurichten.

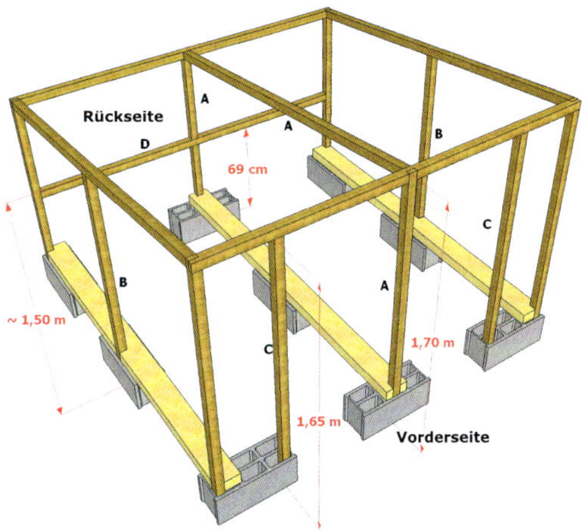

Befestigen Sie die Querleiste an den beiden mittleren Pfosten **A**.
Befestigen Sie dann die beiden seitlichen Pfosten **B** sowie die beiden Pfosten auf der Vorderseite **C**.
Zum Schluss bringen Sie die Leiste **D** an (Aufbau durch Verblattung in der Mitte).

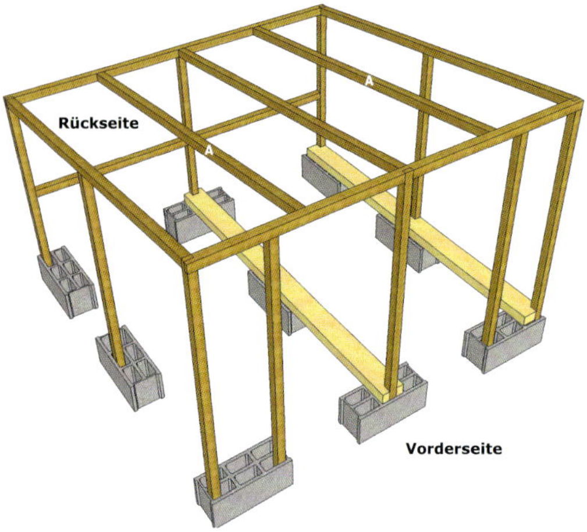

Schrauben Sie die beiden zusätzlichen Querleisten **A** an.
Entfernen Sie die Kanthölzer und fixieren Sie die Pfosten, indem Sie die Kammern mit Mörtel befüllen.

Anmerkung

Sie müssen alle Kammern auffüllen, um zu starke Wasseransammlungen zu vermeiden. Sollten Sie nicht genügend Mörtel haben, dann füllen Sie die Kammern, in denen keine Pfosten fixiert wurden, mit Kieselsteinen oder Sand.

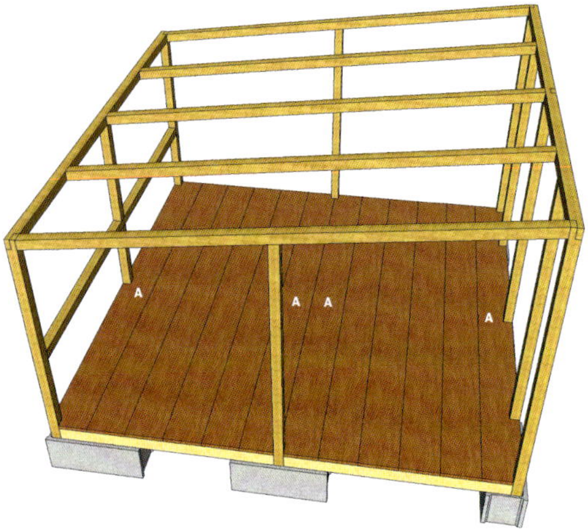

Platzieren Sie die Kanthölzer wieder und befestigen Sie sie an den Pfosten.

Schritt 2: Boden einbauen

Sobald der Mörtel getrocknet ist, nageln Sie den Boden fest. Nur die vier Bretter **A** müssen ausgeschnitten werden, damit sie zwischen die Pfosten eingepasst werden können.

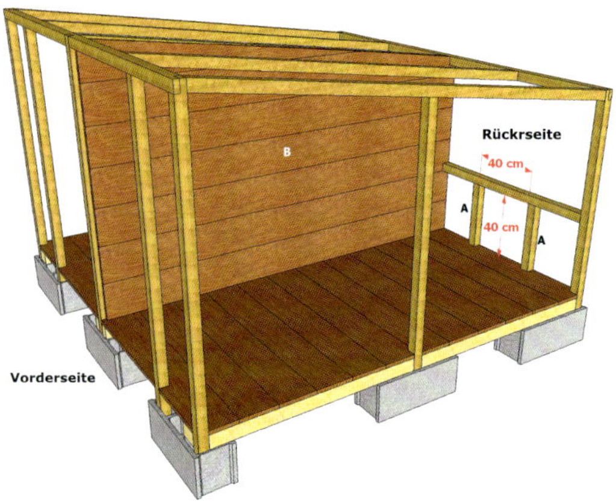

Schritt 3: Innenwand stellen

Schrauben Sie die beiden Leisten **A** von jeder Seite an.
Nageln Sie die Innenwand fest.

Bitte beachten!

Die Innenwand steht nicht exakt in der Mitte, da sie an der Seite der beiden mittleren Pfosten angenagelt wird. Ziehen Sie keine zweite Wand ein, um die Symmetrie wiederherzustellen: Dadurch entsteht ein Zwischenraum, in dem sich sehr schnell Schädlingsinsekten einnisten.

Schritt 4: Aufbau der Außenwände

Bringen Sie zuerst die beiden Seiten an. Beginnen Sie unten, indem Sie das erste Brett auf dem Rand der Hohlblocksteine platzieren und somit die Kanthölzer verdeckt sind. Bauen Sie die Rückwand auf und schneiden Sie zwischen den vertikalen Leisten, die Sie bereits angebracht haben, die Öffnungen für die Klappen **(1)** heraus.
Bauen Sie die Vorderwand auf. Sobald Sie das unterste Brett **(2)** angebracht haben, schneiden Sie daraus die Öffnungen für die Türen **(3)** heraus. Befestigen Sie die kleinen Brettchen auf jeder Seite sowie ein vollständiges Brett ganz oben **(4)**.
Zum Schluss nageln Sie ein Stück von einem Brett vorne auf den mittleren Pfosten **(5)**.

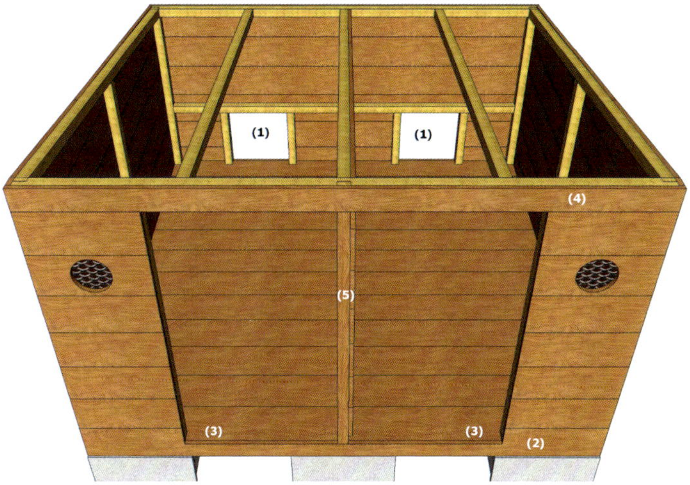

Tipp

Die Belüftung des Hühnerstalls erfolgt durch das Trapezblech auf dem Dach. Die beiden vergitterten Öffnungen auf der Vorderseite dienen vor allem dazu, einen Blick ins Innere des Stalls werfen zu können, ohne die Insassen zu stören.

Schritt 5: Türen und Klappen

Die beiden Türen werden mit den gleichen Brettern zusammengebaut und befestigt, wie sie auch für die Wände verwendet wurden.

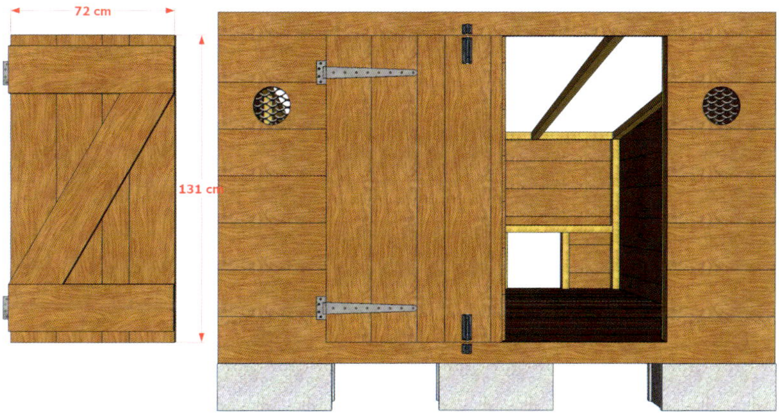

Tipp

Bringen Sie an jeder Tür oben und unten jeweils einen Riegel an. Bei großen Türen wird dadurch sichergestellt, dass sie perfekt verschlossen sind und kein Raubtier durch Kratzen an der Türunterseite ins Innnere gelangen kann.

Aus dem Verschnitt, der beim Herausschneiden der hinteren Öffnungen angefallen ist, bauen Sie die beiden Klappen zusammen und befestigen Sie sie mit den Scharnieren.

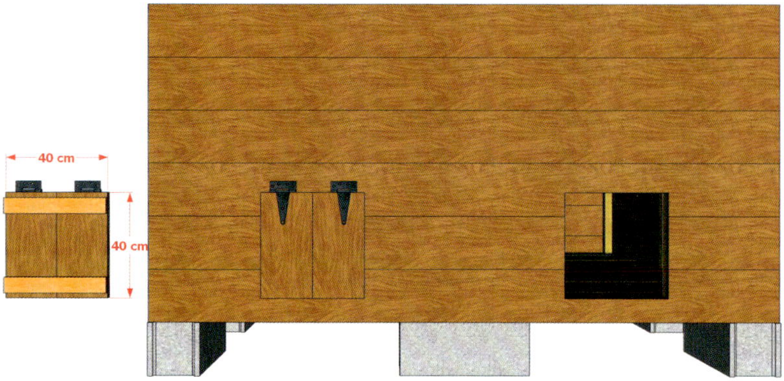

Schritt 6: Das Dach auflegen

Befestigen Sie zwei bis drei Platten Trapezblech auf den Leisten, die zu diesem Zweck angebracht wurden.

Wichtig!

Das Regenwasser fließt auf der Rückseite des Gebäudes ab, d.h. in den Bereich, den die Tiere regelmäßig aufsuchen, um Schutz zu suchen oder in den Stall hineinzugehen. Wir empfehlen, eine Dachrinne anzubringen, damit dieser Bereich des Geheges nicht zu schlammig wird.

Innenausstattung

Der zur Verfügung stehende Platz erlaubt zahlreiche Einrichtungsvarianten. Unser Vorschläge:

- Zwei quer verlaufende, herausnehmbare Sitzstangen **(1)**
- Ein Regalbrett im hinteren Bereich mit zwei offenen Brutkisten **(2)**
- Geschlossene Brutkisten auf dem Boden **(3)**

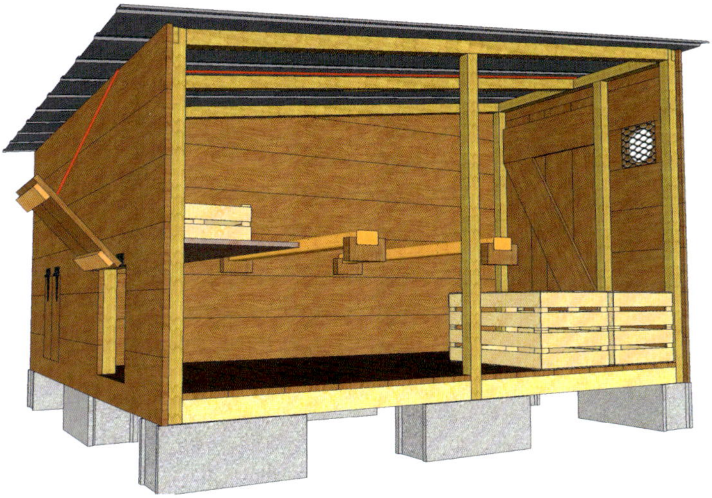

Die hinteren Klappen besitzen keinen Riegel, weil ja das Gehege gesichert ist. Sie lassen sich von vorne öffnen und zwar mit Hilfe einer Schnur (auf der Abbildung in Rot eingezeichnet), die durch das Stallinnere hindurchführt. Die Schnut wird an der Vorderseite festgemacht, damit die Klappe geöffnet bleibt.

Varianten

- Wenn Sie die Klappe verkehrt herum anbringen und mit einem Riegel versehen, wird daraus die geöffnete Hühnerleiter.
- Es ist auch denkbar, die Wände mit „Klick“-Elementen zu montieren, damit sie länger halten.

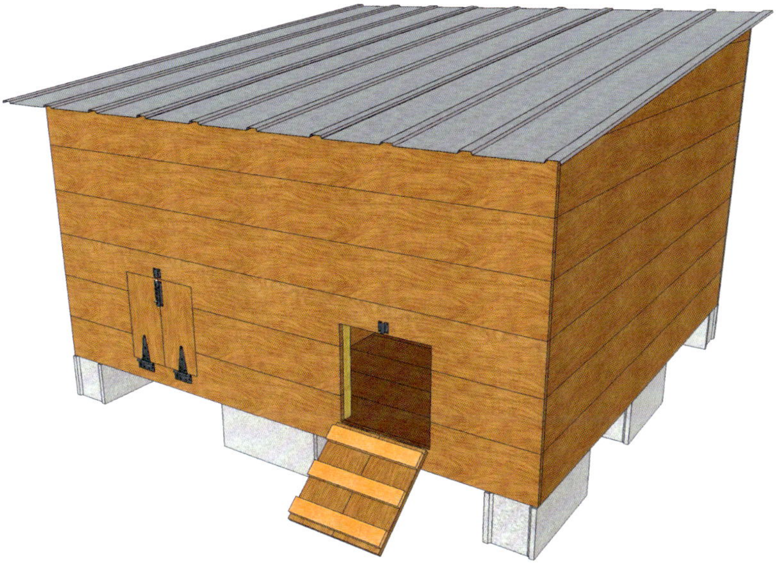

Großer Stall mit variierbarer Einrichtung

Von den großen Hühnerställen in diesem Buch ist dieser hier wahrscheinlich der funktionalste. Im Stallinnern gibt es keine Ecke, die nicht leicht zu reinigen wäre. Die umstellbare Innenausstattung (Legenester, Sitzstangen) ermöglicht die Unterbringung einer unterschiedlichen Anzahl von Hühnern und verschiedene Einrichtungsvarianten. Dieser Stall ist wetterfest gegen Regen und Wind sowie gegen Feuchtigkeit. Da er keine Klappen und Fenster besitzt, garantiert er eine optimale Abdichtung. Die zu verschalende Fläche ist sehr groß und der Aufbau durch „Klick"-Elemente steigert noch den Holzverbrauch. Aus diesem Grund – damit das Budget im Rahmen bleibt – wurde nur Holz der Nutzungsklasse 1 (für die Verwendung im Innenbereich) verbaut. Der auf dem Foto abgebildete Hühnerstall ist immerhin schon zehn Jahre alt und wird – auch ohne Behandlungsmittel – sogar noch das nächste Jahrzehnt überdauern.

IDEAL für Halter, die ständig rund ein Dutzend Legehennen unterzubringen haben, aber beispielsweise einmal jährlich ihren Bestand um ein Dutzend Masthähnchen erweitern möchten.

AUSREICHEND für bis zu 25 große Hühner

GRÖSSE: 4 m²

HANDWERKLICHE KENNTNISSE: *

KOSTEN: um die 550 €
(ohne Mittel zur Holzbehandlung)

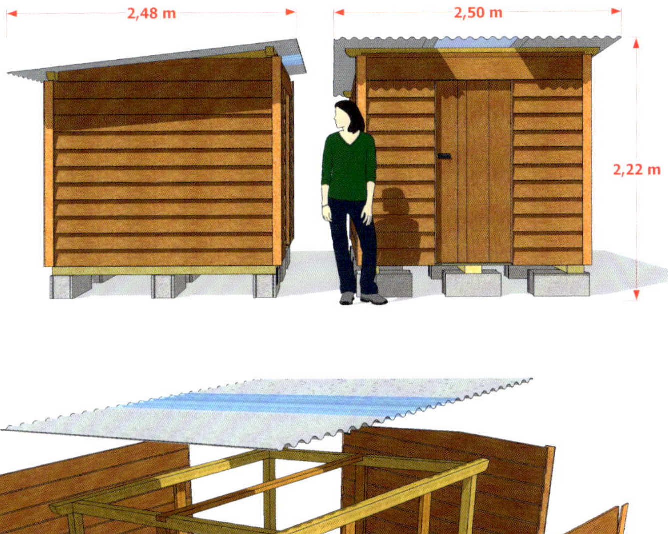

Materialbedarf

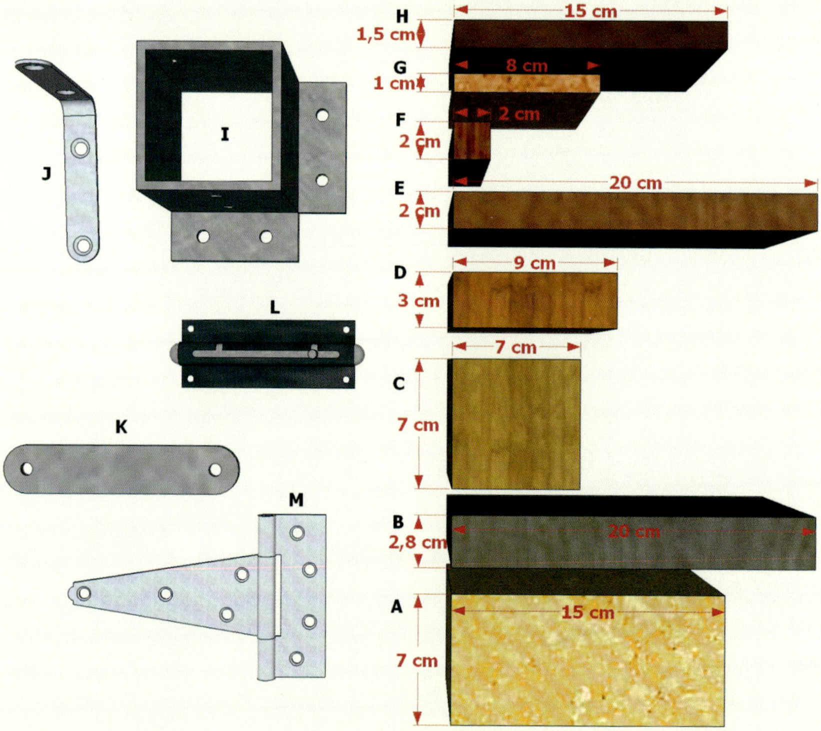

A **Kantholz** [6 m²]. Stütze Boden.
B **Bretter** [20 m (4 m²)]. Boden.
C **Leisten** [16 m]. Dachgebälk.
D **Leisten** [11 m] (ohne Windverstrebungen). Dachgebälk.
E **Zierleiste** [8 m]. Stütze Wandaufbau.
F **Bretter** [98 m (20 m²)]. Wände, Tür, Verstärkung Tür.
G **Latten** [18 m].Eckleisten Wände und Tür.
H **Recyclingholz**. Innenausstattung.
I **4 Auflagen für Pfosten 70 x 70 cm**. Verbindung Pfosten / Boden.
J **10 Metallwinkel**. Verbindung Pfosten / Boden.
K **6 bis 12 Metallplättchen**. Verbindung Hohlblockstein / Kantholz.
L **1 Schieberiegel**. Vordertür.
M **2 Scharniere**. Vordertür.

Hinzu kommt (gerundet auf m²):

- 9 Hohlblocksteine (50 x 20 x 20 cm). Fundament.
- Wellblech [7 m²] plus Dämmmaterial. Dach.

Bauanleitung

Schritt 1: Den Boden aufbauen

Platzieren Sie die neun Hohlblocksteine so, dass sie ein Quadrat mit einer Seitenlänge von 4 m bilden. Legen Sie darauf die drei Kanthölzer und befestigen Sie diese mit Hilfe der Metallblättchen an den Hohlblocksteinen. Legen Sie den Boden darauf und nageln Sie ihn fest.

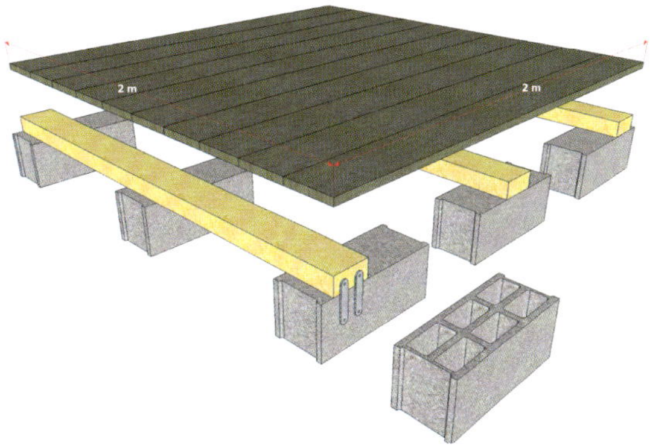

Bitte beachten!

Die Hohlblocksteine werden mit den Kammern (Öffnungen) nach unten platziert, damit sich darin nichts ansammeln kann.

Schritt 2: Die Grundstruktur zusammensetzen

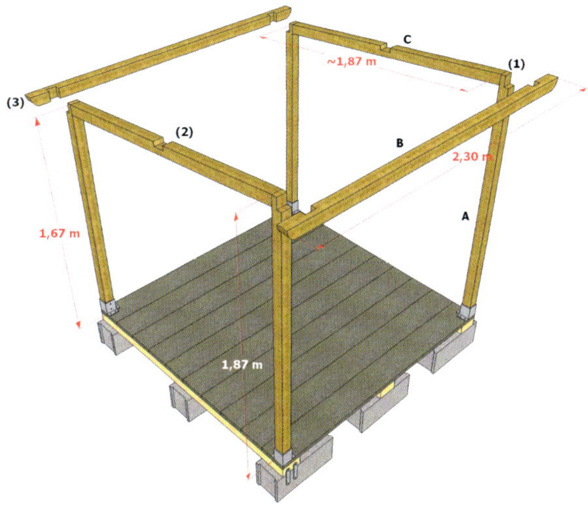

Für die Verblattungen **(1)** und **(2)** führen Sie die Einschnitte aus. Befestigen Sie die vier Pfosten **A** an den Ecken. Sie werden bei diesem Modell mittels einer Pfostenauflage befestigt. Die drei Teile **A**, **B**, **C** werden durch Verblattung **(1)** verbunden.
Hinweis: Der abgerundete Teil **(3)**, der auf jeder Seite von Teil **B** übersteht, dient nur der Verschönerung. Befestigen Sie nun die fünf senkrechten Pfosten in der Mitte **D**: zwei vorne (für die Tür), einen hinten in der Mitte und je einen mittig auf jeder Seite. Die beiden letzteren müssen gleichzeitig mit dem Teil **E** befestigt werden. Die Befestigung am Boden erfolgt durch Metallwinkel.

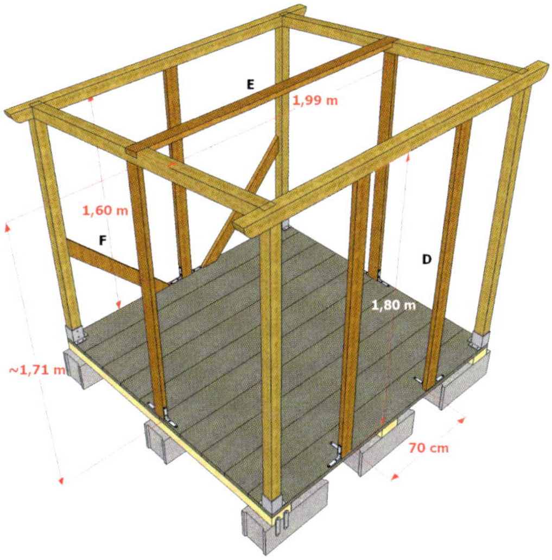

Windverstrebungen

Die Rückwand, die auf der Wetterseite liegt, wird durch zwei Windverstrebungen verstärkt. In Gegenden mit nur wenig Wind ist dies nicht erforderlich. In windreichen Regionen sollten Sie sie jedoch an jeder Wand anbringen.

Schritt 3: Wände stellen

Die vier Wände werden so zusammengebaut, dass sie sich überlagern. Das gewährleistet eine perfekte Abdichtung des Stallgebäudes und ein optimales Abfließen von Regenwasser.

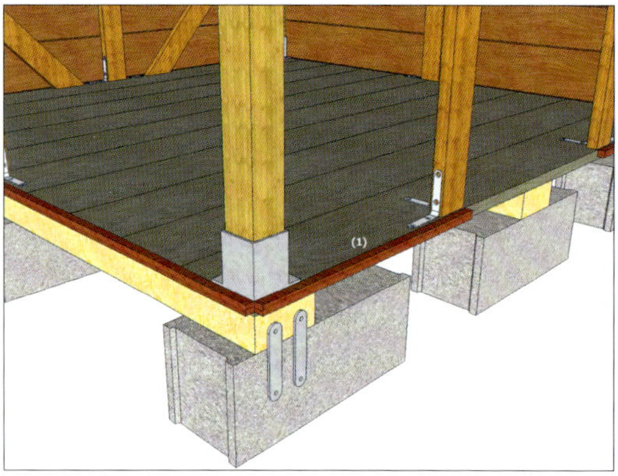

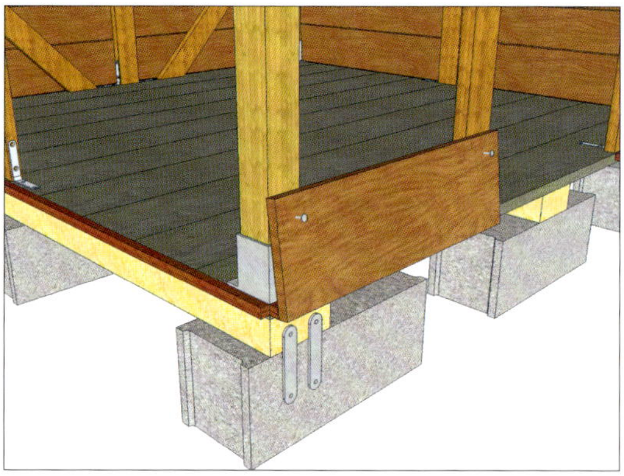

Nageln Sie zuerst die Zierleisten **(1)** entlang des Bodens an, sparen Sie dabei jedoch die Stelle aus, an der die Tür eingebaut wird. Der Teilabschnitt der Zierleiste entspricht der Brettstärke (Sie können die Reste verwenden).

Platzieren Sie den unteren Teil des ersten Brettes auf der Zierleiste.
Neigen Sie das Brett gegen die Pfosten und befestigen Sie es oben mit zwei Nägeln (hier ungefähr 3,5 cm).

Das zweite Brett liegt über dem ersten, sodass die vorher eingeschlagenen Nägel überdeckt werden. Fahren Sie so weiter fort.

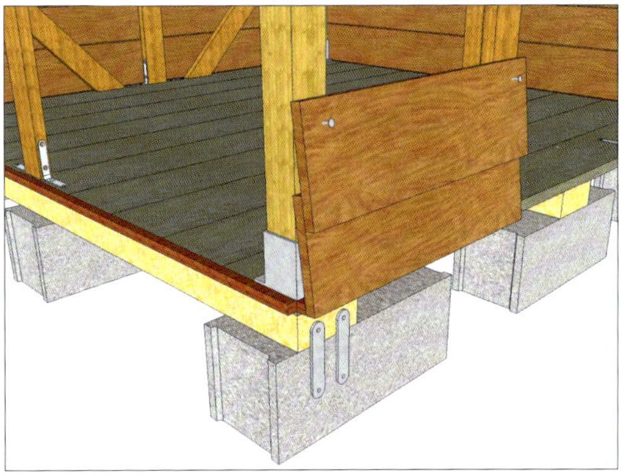

Tipp

Damit Ihnen diese Arbeit müheloser von der Hand geht, können Sie es sich leichter machen: Bohren Sie die Bretter vor, damit die Nägel perfekt platziert sind.

Schritt 4: Anbringen der Eckleisten

Nehmen Sie die Latten, um jeweils eine Eckleiste an jeder Ecke **A** sowie als Umrandung an Tür **B** anzubringen.

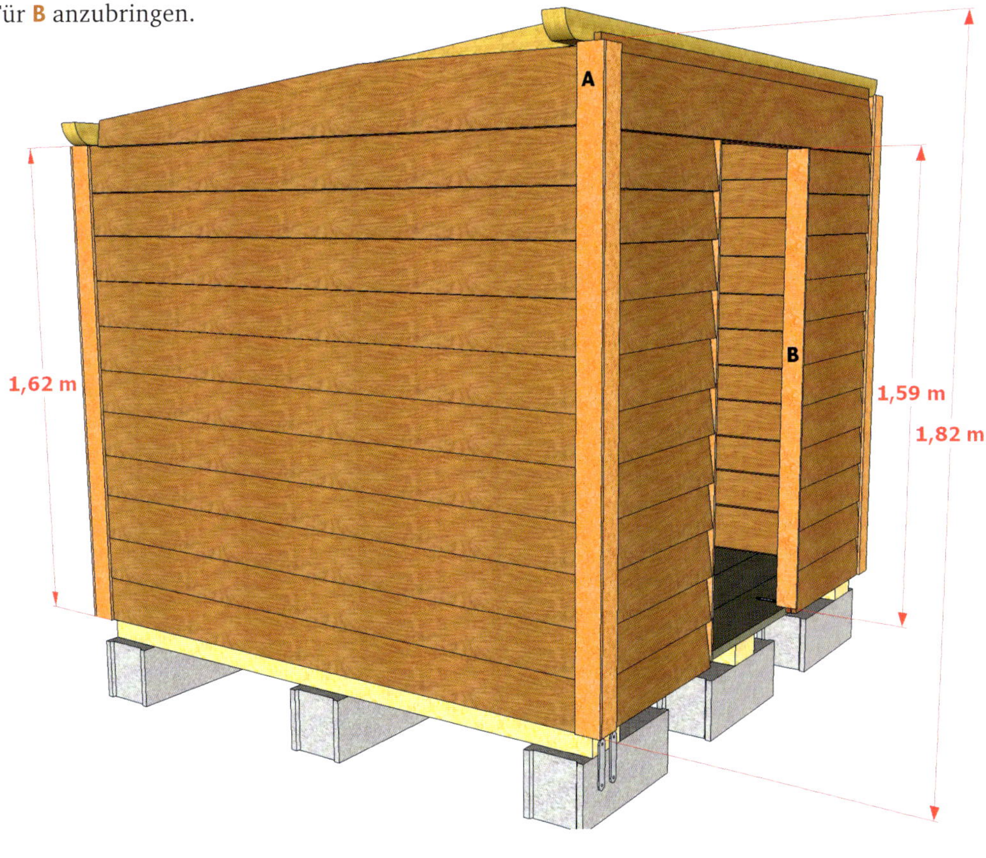

Schritt 5: Aufbau und Einsetzen der Tür

Die Tür wird ganz klassisch aus den gleichen Brettern zusammengebaut wie die Wände. Sie stellt die einzige Öffnung am Hühnerstall dar (es gibt keine Klappe). Während des Tages wird sie durch einen Keil halb offen gehalten.

Schritt 6: Dach aufsetzen

Das Dach besteht aus drei fest verbundenen Wellblechplatten (Unterlegkeile + Kalotten + Ankerschrauben; siehe Kasten auf Seite 138). Nach innen muss das Dach gedämmt werden.

Tipp

Damit Tageslicht in den Stall gelangt, können Sie einen mehr oder weniger großen Teil des Daches durch eine transparente Wellplatte aus Polycarbonat ersetzen.

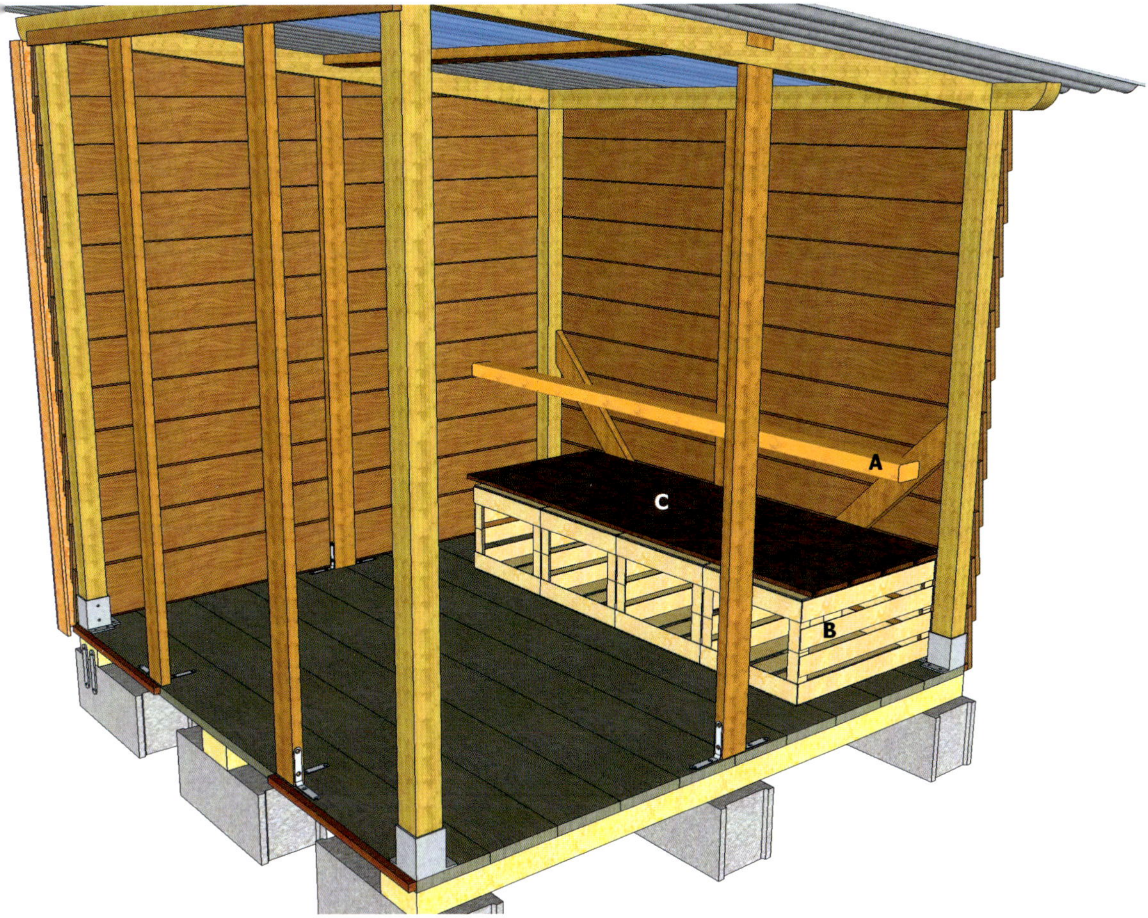

Innenausstattung

Bei diesem Hühnerstall wurde alles möglichst praktisch und wirtschaftlich konzipiert. Die Sitzstange(n) **A** wird / werden ganz einfach auf die zahlreichen Kanten aufgesetzt, die beim Einbau der Wände entstanden sind. Sie ist / sind somit leicht zu versetzen und in der Höhe zu verstellen. Achten Sie auf eine Verstärkung in der Mitte, falls sehr viele Hühner darauf Platz nehmen.

Auf den Boden stellen Sie vier bis acht „Brutkisten" **B** (siehe S. 120), die mit einer Platte aus Brettern **C** abgedeckt werden. Durch das Gewicht der Platte können die Brutkisten nicht verrutschen. Legen Sie die Platte mit Zeitungen aus, damit die Hühner dort ihren Kotplatz anlegen.

Tipps

- Fügen Sie oben ein bis zwei Regalbretter ein, um darauf Werkzeug und andere Dinge zu lagern.
- Stellen Sie die Brutkisten etwas erhöht auf einen Kasten (mit Hühnerleitern), damit Sie sie leichter reinigen und die Eier einsammeln können.

Großes Hühnerhaus mit Voliere

Mit seinen 6 m² Bodenfläche ist dieses Hühnerhaus das größte Modell mit Voliere. Lassen Sie sich nicht durch seine komplexe Grundstruktur täuschen: Dieser Hühnerstall ist einfacher zu bauen, als man vermuten würde. Außer der überdachten Voliere bietet die zusätzliche Fläche unterhalb des erhöhten Stalls Schutz gegen Wind und Regen. Hier können Sie beispielsweise Trinkgefäße und Futtertröge aufstellen.

IDEAL für alle, die ihren Hühnern nicht ganztägig Freilauf bieten können.

AUSREICHEND für bis zu 8 große bzw. 14 kleine Hühner

GRÖSSE: 2 m² + 6 m² Voliere

HANDWERKLICHE KENNTNISSE: **

KOSTEN: um die 800 €
(ohne Mittel zur Holzbehandlung)

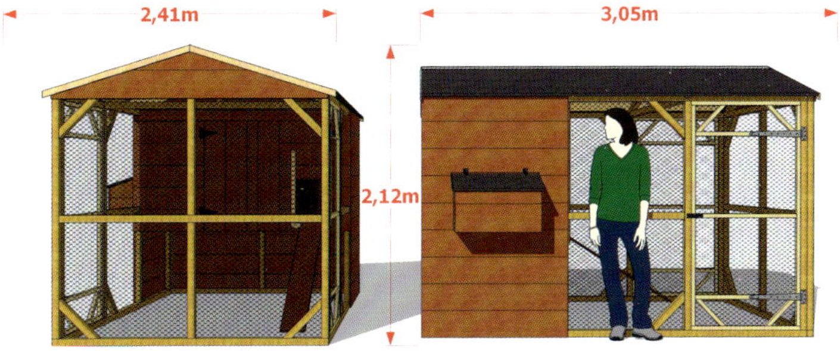

Dieses Modell steht auf einer Umrandung aus Zement. Die Grundstruktur wird mit dem Fundament durch Mauerdübel verbunden. Der Originalplan sieht zwei Türen vor – eine, die ins Außengehege der Tiere führt, und die andere, die in einen für die Hühner unzugänglichen Teil des Gartens führt. In den meisten Fällen genügt jedoch eine Tür.

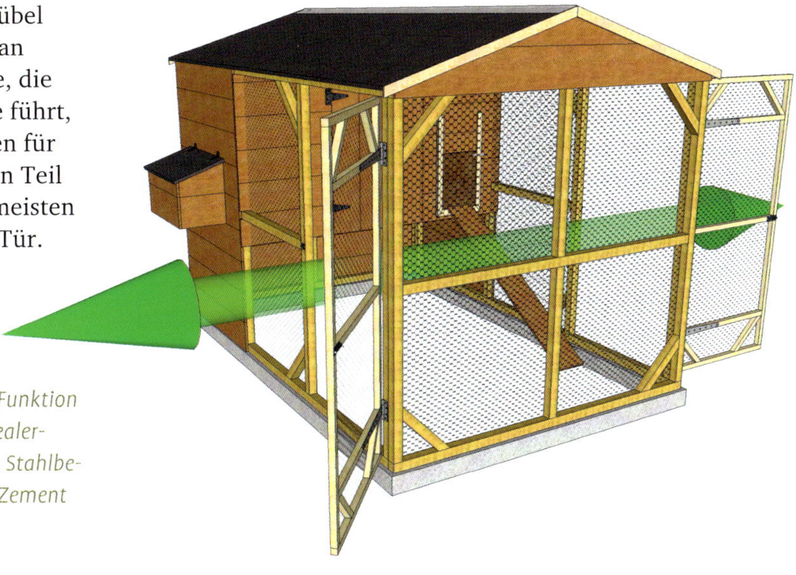

Bitte beachten!

Damit dieser Hühnerstall seine Funktion auch erfüllen kann, sollter er idealerweise auf einer Grundplatte aus Stahlbeton oder einer Umrandung aus Zement stehen.

Materialbedarf

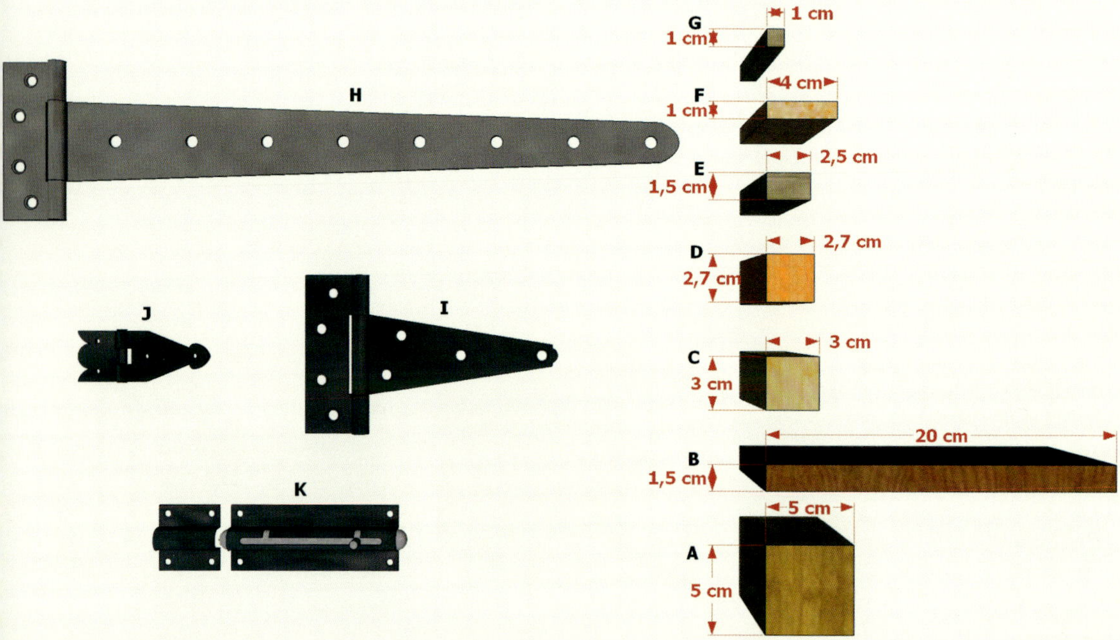

A **Leisten** [71 m]. Grundstruktur.
B **Bretter** [78 m (16 m²)]. Wände, Tür, Legenest.
C **Leisten** [17 m]. Türen Voliere.
D **Leisten** [4 m]. Legenest.
E **Leisten** [2 m]. Klappe.
F **Latten** [8 m]. Verstärkungen Legenest, Klappen, Eckleisten.
G **Zierleisten** [1 m]. Klappe.
H **4 Scharniere**. Türen Voliere.
I **2 Scharniere**. Tür.
J **2 kleine Scharniere**. Legenest.

Hinzu kommt (gerundet auf ½ m²):

- Furnierholz 10 mm [0,5 m²]. Klappe, Trennwand Legenest.
- Furnierholz 16 mm [0,5 m²]. Boden Legenest.
- Spanholzplatte 19 mm [7,5 m²]. Dach, Dach Legenest.
- Maschendraht [10 m²].
- Dachfirst bitumenbeschichtet [3 m].

Bauanleitung

Schritt 1: Die Grundstruktur aufbauen

Die Grundstruktur des Hühnerhauses setzt sich aus vier Rahmengerüsten zusammen. Bei dieser Methode wird zwar viel Holz verbraucht, sie erleichtert jedoch den Aufbau.

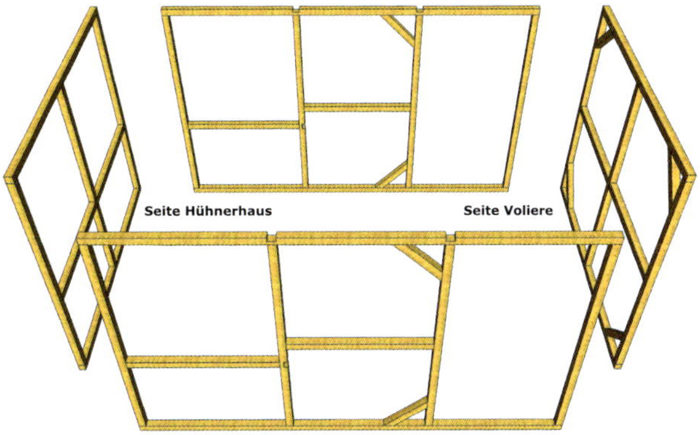

Zusammenbau des linken und rechten Rahmengerüstes
(**A** Hühnerhaus; **B** und **C:** Volierenteile). Bereiten Sie zuerst die Verblattungen **(1)** vor. Bauen Sie die Rahmen zusammen. Die beiden Rahmengerüste sind identisch, außer Sie entscheiden sich für nur eine Volierentür. Für diesen Fall bringen Sie an der türlosen Seite **(2)** Verstärkungen an.

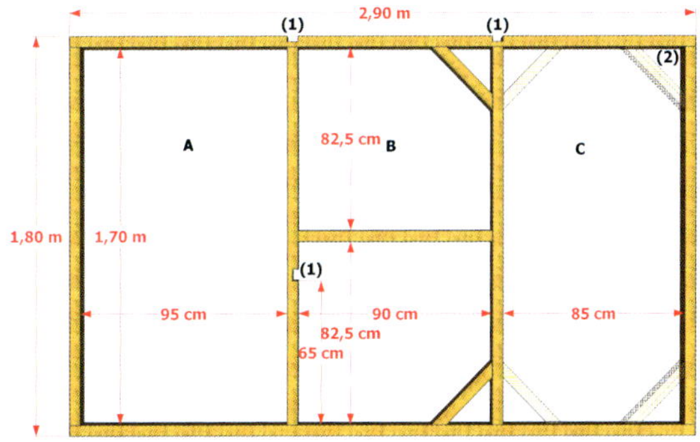

Zusammenbau des vorderen und hinteren Rahmengerüstes
Gehen Sie wie oben beschrieben vor, wobei die Kreuze in der Mitte **(1)** durch Verblattung aufgebaut werden. Bringen Sie das Gitter auf der Innenseite des vorderen Rahmens an.

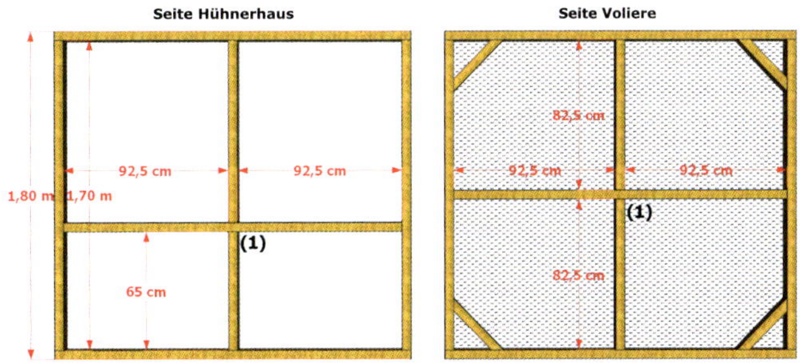

Zusammenbau der vier Rahmengerüste
Verschrauben Sie die vier Rahmengerüste wie auf der Zeichnung angegeben. Für die Montage sind zwei Helfer notwendig, die die gesamte Struktur festhalten.

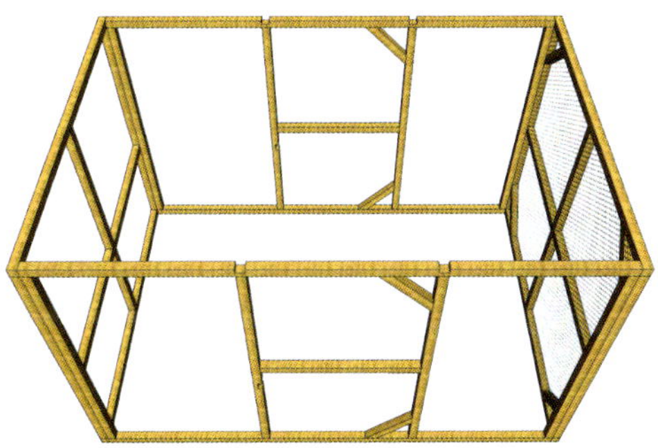

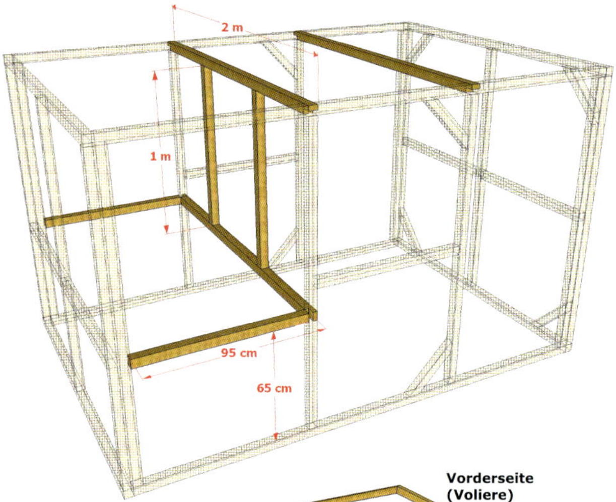

Befestigen Sie die beiden Leisten oben, die die Seiten verbinden. Danach befestigen Sie die drei Leisten unten, die die Basis für den Boden bilden. Zum Schluss befestigen Sie noch die beiden senkrechten Leisten, die die Türumrandung bilden.

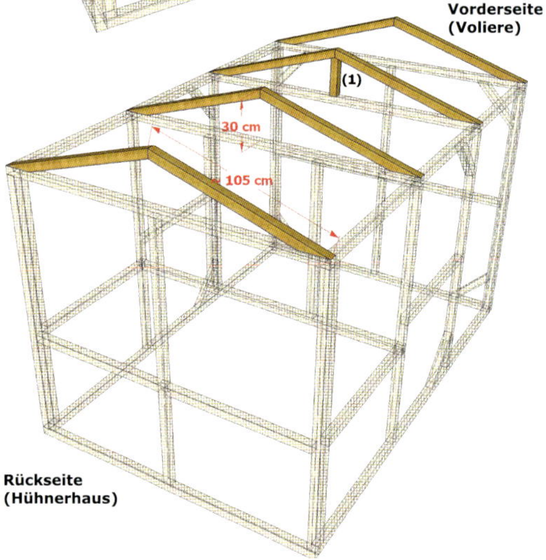

Bringen Sie nun die vier Dachsparren des Dachgebälks an. Nur der Dachsparren **(1)** benötigt in der Mitte eine Verstärkung, da er nicht mit Brettern bedeckt wird. Jetzt kann die Struktur versetzt werden (dafür sind vier Personen notwendig), um sie mit Hilfe von Schrauben und Mauerdübeln (die bereits im Vorfeld im Zement oder Beton angebracht wurden) mit dem Fundament zu verbinden.

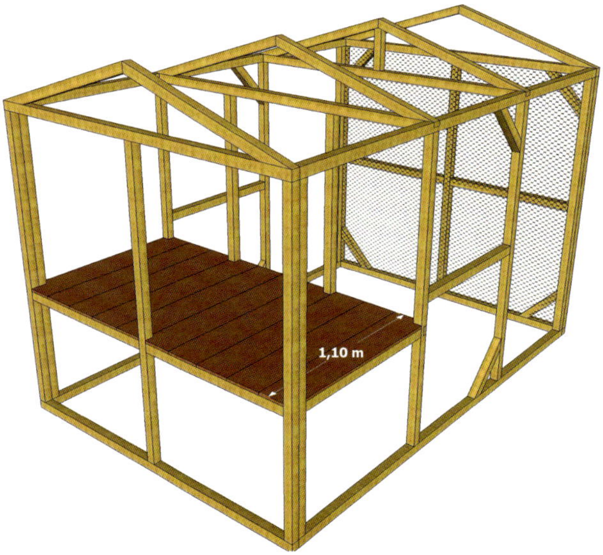

Schritt 2: Den Boden verlegen

Nageln Sie den Boden fest und beachten Sie dabei die Aussparungen für die Pfosten.

Schritt 3: Wände stellen

Nageln Sie zuerst die Rückwand **A** fest, danach die beiden Seiten **B**. Schneiden Sie an einer Seite die Öffnung für das Legenest heraus. Vergessen Sie auch nicht, den Dachsparren **C** (vor der Voliere) zu verschalen.

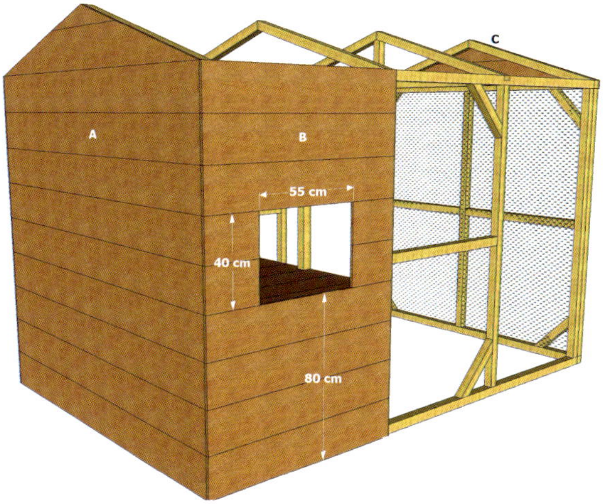

Schritt 4: Zusammenbau des Legenestes

Bauen Sie das Rahmengerüst **A** (Leisten 2,7 x 2,7 cm) zusammen. Die vier Winkel des Unterteils werden durch Verblattung zusammengebaut. Nageln Sie die drei Seitenwände **B** an. Legen Sie den Boden **C** auf das Rahmengerüst **A** auf.
Kleben oder nageln Sie die Schienen **D** fest und schieben Sie die Trennwand **E** dazwischen.

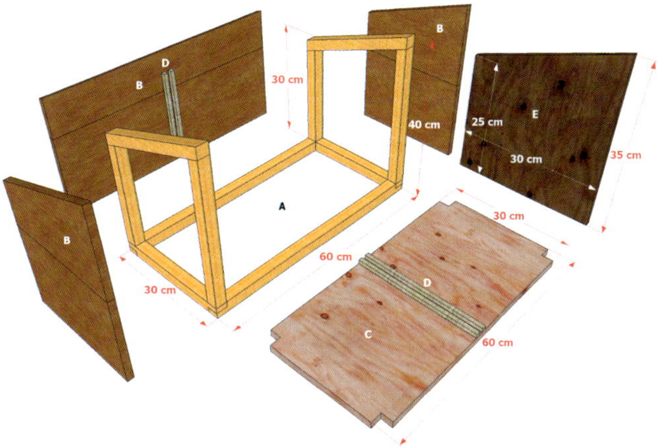

Schritt 5: Legenest befestigen

Kleben und / oder nageln Sie die beiden Latten **A** auf ganzer Länge zu beiden Seiten der Öffnung an. Platzieren Sie das Legenest an die richtige Stelle und bohren Sie die vier Löcher für die Bolzen an den Latten **A** und dem Teil **B** des Legenest-Rahmens. Befestigen Sie das Legenest mit vier Bolzen. Überziehen Sie die Spanholzplatte mit Dachpappe und befestigen Sie das Dach des Legenestes mit den Scharnieren.

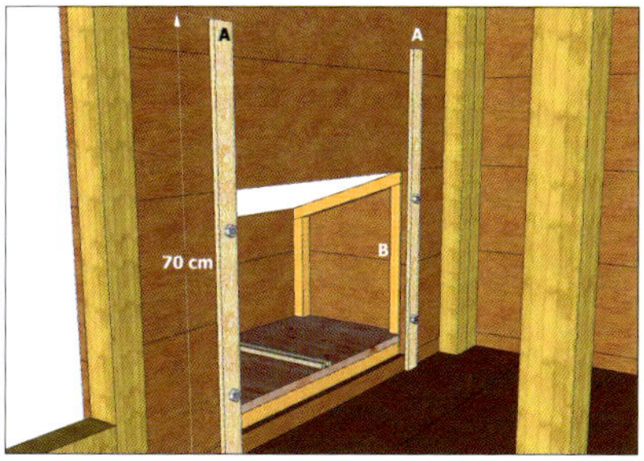

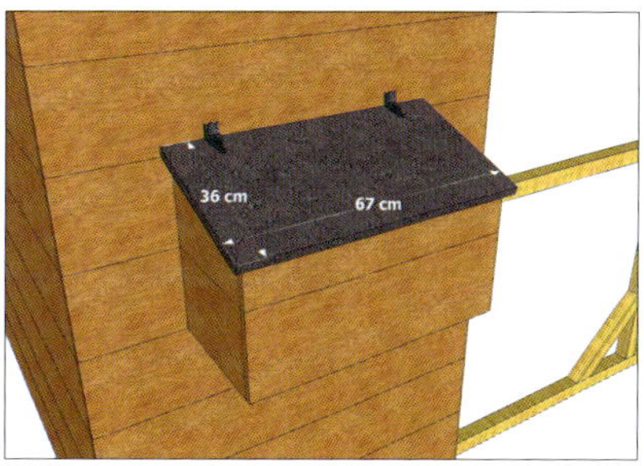

Schritt 6: Einbau der Vorderfront

Montieren Sie die Vorderseite und lassen dabei die Türöffnung frei. Schneiden Sie danach die Öffnung für die Klappe heraus.

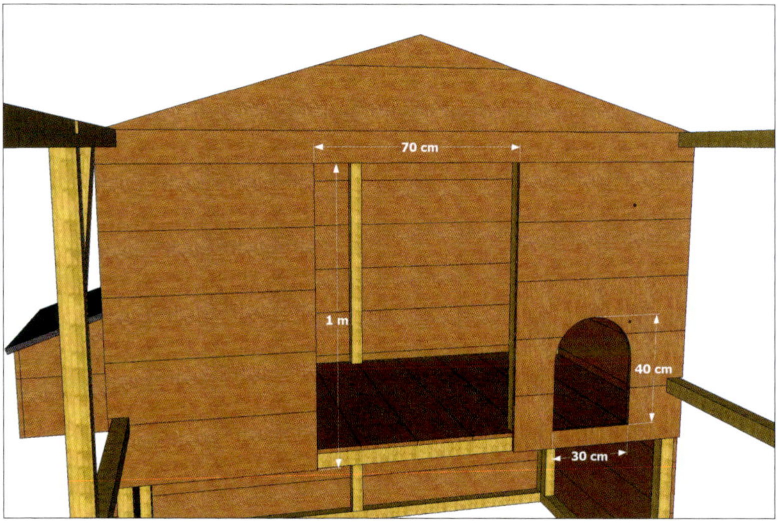

Schritt 7: Tür zusammenbauen und befestigen

Bauen Sie die Tür zusammen und befestigen Sie sie danach.

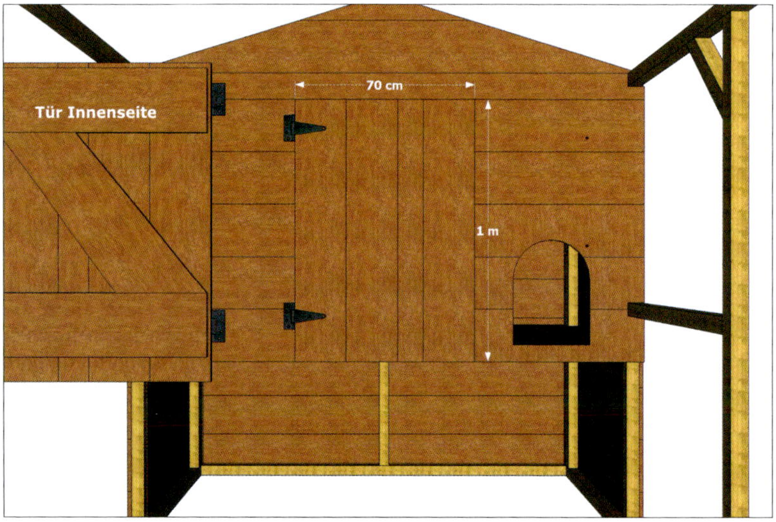

Schritt 8: Befestigung der Klappe

Nageln Sie die Leisten **A** (2,5 x 2,5 cm) auf die Wand auf und lassen Sie dabei einen Abstand von 1 cm auf beiden Seiten der Klappenöffnung. Nageln Sie die Latten **B** auf die Leisten **A**.

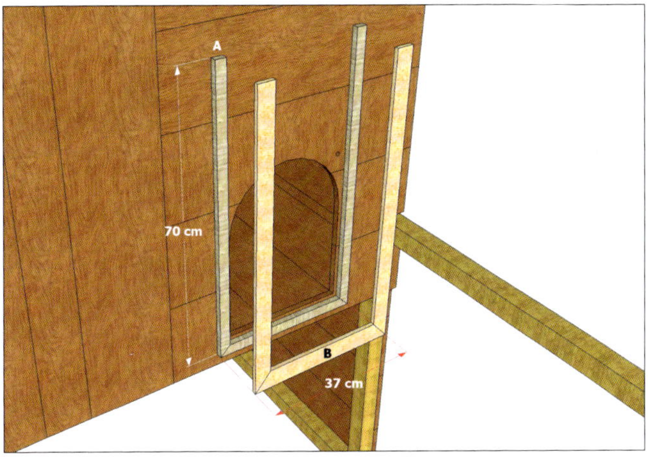

Schneiden Sie die Klappe zu und schieben Sie sie von oben in die Führschiene hinein.
Lassen Sie die Klappe offen und bohren Sie ein Loch in Klappe und Wand **(1)**, um den Arretierstift anzubringen.

Bohren Sie ein zweites Loch weiter unten in die Wand, um die Klappe geschlossen zu halten. Durch den Arretierstift können Sie die Klappe beliebig offen bzw. geschlossen halten.

Schritt 9: Volierentüren zusammenbauen und anbringen

Bauen Sie die Tür(en) zusammen (Leisten 3 x 3 cm) und befestigen Sie sie in ihrem Rahmen. Bringen Sie das Gitter auf der Innenseite von Tür(en) und Seitenteilen **(1)** an.

Tipp

Achten Sie darauf, an jeder Tür oben und unten einen kleinen Holzkeil anzubringen (1), der verhindert, dass die Scharniere in die falsche Richtung gedrückt werden.

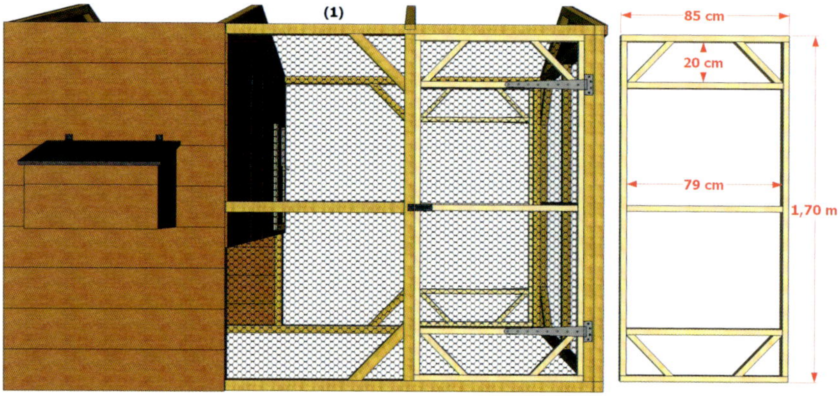

Befestigen Sie die beiden mit Dachpappe überzogenen Spanholzplatten **A** auf den Dachsparren. Verwenden Sie dazu TRCC-Bolzen. Sie erleichtern eine Demontage, falls irgendwann Reparaturen an der Dachpappe vorgenommen werden müssen. Bringen Sie den mit Dachpappe überzogenen Dachfirst an **B**.
Nageln Sie die Eckleisten **C** an den Kanten der Dachplatten an.

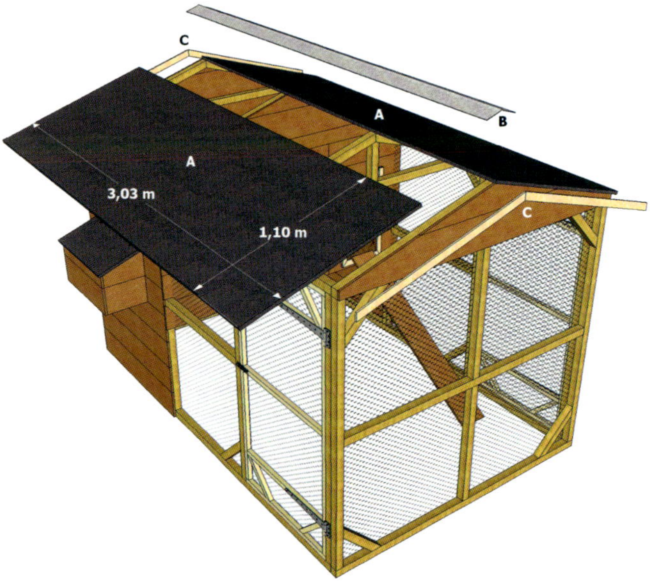

Innenausstattung

Im Innern finden leicht zwei Sitzstangen Platz. Sie können auch nur eine Sitzstange der Länge nach anbringen.

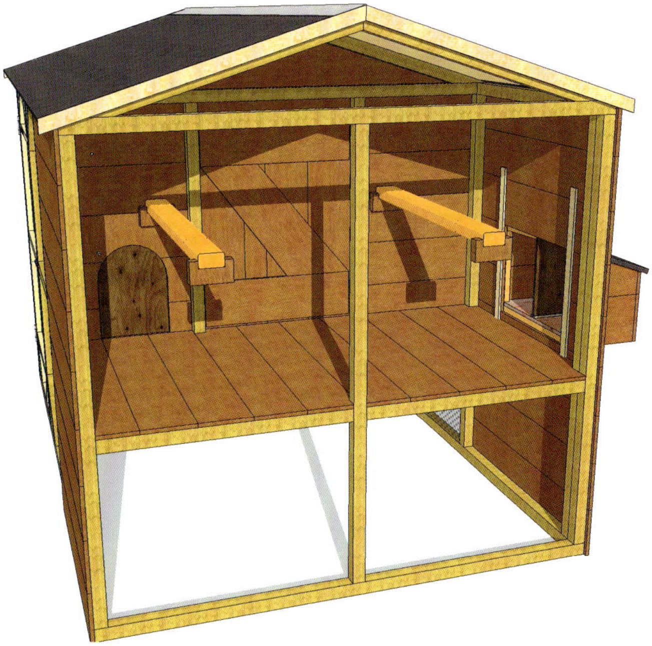

Varianten

Vielleicht erscheint Ihnen das doppelte Legenest nicht ausreichend: Sie können auf der anderen Seite ein weiteres Legenest anbringen, oder aber zwei Legenester an der Rückwand montieren. Der Stall ist an der Seite breit genug, um dort ein um 30 cm verlängertes Legenest anzubringen. In diesem Fall sollten Sie unbedingt zwei Verstärkungen im 45°-Winkel **(1)** hinzufügen, und zwar zwischen dem Rahmen des Legenestes und der Stallwand.

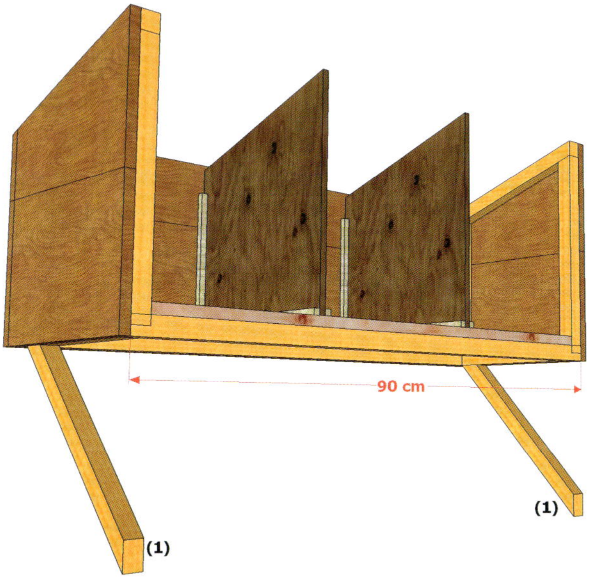

Praktische Tipps zu Bau und Einrichtung

Nester, Sitzstangen, Futterstellen, Schädlingsschutz, Materialverarbeitung, Werkzeuge und handwerkliche Kniffe

Ein Hühnerstall beschränkt sich nicht nur auf ein Häuschen, das Hühnern Unterschlupf bietet. Auch bei der Anordnung der Innenausstattung und der Anlage des Außengeheges gelten bestimmte Regeln, um Unannehmlichkeiten aus dem Weg zu gehen.

Ein gut durchdachter Hühnerstall sollte
- leicht und schnell zu reinigen sein,
- hygienisch sein, um Krankheiten zu vermeiden,
- der Futterverschwendung entgegenwirken,
- Rangordnungskämpfe unter den Hühnern auf ein Minimum reduzieren,
- genügend Licht ins Innere lassen,
- den Hühnern Sicherheit bieten.

Berücksichtigen Sie all dies von Anfang an, schaffen Sie für Ihre Tiere einen praktischen und angenehmen Lebensraum. Um einige Begriffe besser zu verstehen, finden Sie auf den folgenden Seiten einen schnellen Überblick über die wichtigsten Punkte.

Damit Sie die einzelnen Schritte beim Bau Ihres Hühnerhauses richtig durchführen können, benötigen Sie einige Grundkenntnisse in Heimwerken. Ihnen gefällt eines der Modelle besonders gut, Sie wissen aber nicht, wie Sie's am besten anstellen sollen, oder Sie befürchten, auf halber Strecke aufzugeben, weil Sie eben kein versierter Handwerker sind? Keine Panik. Im Folgenden erhalten Sie wichtige Ratschläge, Tipps und Tricks, wie Sie die einzelnen Handgriffe korrekt ausführen.
Sobald Sie sich mit den einfachen und grundlegenden Techniken vertraut gemacht haben, können Sie die Konstruktion Ihres Hühnerhauses in aller Gelassenheit angehen.

Zusätzlich zu den folgenden praktischen Ratschlägen sollten Sie sich auch von Ihrem Bekanntenkreis beraten lassen. Sicherlich haben Sie Bekannte mit handwerklichem Geschick? Zögern Sie nicht, sich mit ihnen in Verbindung zu setzen und sich den Umgang mit bestimmten Werkzeugen erklären bzw. zeigen zu lassen.

Legenester

Wenn Hühner legen und brüten

Eine Henne in der Natur sucht sich die Stelle für die Eiablage sehr sorgsam aus. Ein geschützter Platz im Halbschatten, getrennt vom übrigen Hühnervolk, ruhig und sicher – unter einem dichten Blätterdach, unter dem Hühnerhaus, wenn es auf Stelzen steht, oder in einem Gebüsch. Sollte sich eine Henne aus Ihrem Garten entfernen, kann es sein, dass sie einen geeigneten Brutplatz ganz einfach in einer gut geschützten Ecke sucht.
Wenn Sie also wollen, dass Ihre Hühner die künstlich geschaffenen Legenester annehmen, müssen diese ihnen auch Ruhe und Sicherheit bieten. Für den nötigen „Komfort" der Nester sorgen Sie, indem Sie sie mit Stroh auslegen. Legen Sie, um die Hennen anzulocken, anfangs einige künstliche Eier in die Nester.

Verschiedene Arten von Legenestern

Für sehr große Hühnerrassen sollten die Legenester mindestens folgende Abmessungen haben: Länge = 40 cm; Breite = 30 cm; Höhe = 30 cm. Für die kleinsten Hühner reicht dagegen Schuhkartongröße. Rechnen Sie ein Legenest für vier Hühner.

Recycling-Legenester

Das einfachste Legenest besteht aus einer Obstkiste aus leichtem Holz **A**, das Sie fast nichts kostet. Solche Obstkisten können Sie entweder auf dem Boden (siehe Seite 107) oder auf Regalbrettern (siehe Seite 69) platzieren und sie erlauben unterschiedlichste Konfigurationen und Ausführungen. Eine Kiste, die Sie im Hühnerstall vor die offene Tür stellen, wird beispielsweise nur wenig frequentiert werden, eine andere hinter der Tür aber sämtliche Begehrlichkeiten wecken. Hennen haben stets ein bis zwei Lieblingslegenester.
Zwei zusammengebaute Kisten **B** ergeben ein geschlossenes Legenest. Ein vorn ausgeschnittener Plastikkanister **C** erfüllt diesen Zweck genauso. Sie können viele Gegenstände in ein Legenest verwandeln, selbst in sehr ungewöhnliche – etwa aus dem Gehäuse einer Lautsprecherbox, aus einem ausgedienten Briefkasten, aus einem Weidekorb oder einem alten Nachttischchen.

Die Kisten müssen mit einer abnehmbaren Verschalung **D** abgedeckt werden, damit die Tiere ungestört sind. Für kleine Hühnerrassen können Sie die Legenester auch auf ein Regalbrett **E** stellen – dann allerdings mit einer Hühnerleiter. Achten Sie besonders auf eventuelles Ungeziefer unter den Nestern.

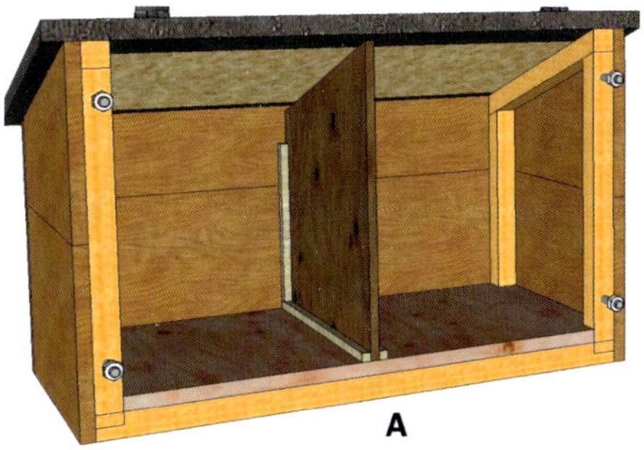

Befestigung eines Legenestes

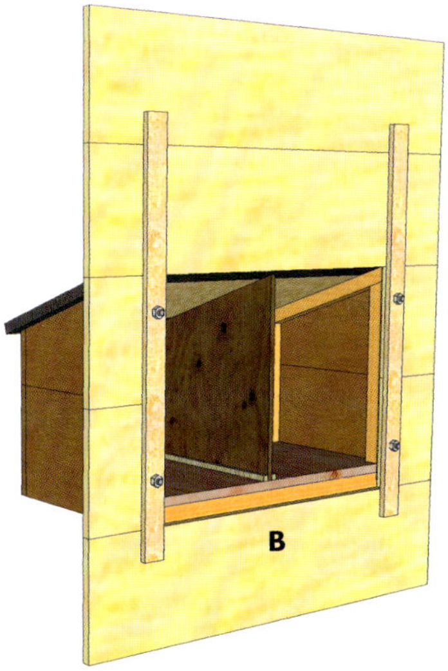

Selbst gebaute Legenester

Vorfabrizierte Legenester sind oft in eine Stallwand zu integrieren, und zwar in Körperhöhe, um das Einsammeln der Eier zu erleichtern. Die geschickteste Variante ist das auf Seite 113 beschriebene Modell. Das Legenest wird mit vier bis sechs Bolzen zusammengebaut, die auf den senkrechten Leisten **A** platziert werden. Die Befestigung an der Wand erfolgt mittels zweier Verstärkungslatten **B**. Nach diesem Prinzip lässt sich das Legenest an jeder beliebigen Wand befestigen, ohne dass Stützpfosten nötig wären.

Ein großes Legenest mit drei Abteilen für die größeren Hühnerrassen soll mindestens mit 10 bis 12 kg belastbar sein. Bringen Sie dazu unterhalb des Legenestes zusätzlich Verstärkungen im 45°-Winkel an.

Eine Legenest mit spezieller Bodeneinlage, meistens eine Kokosfasermatte mit einem Loch in der Mitte, ermöglicht Ihnen, die Eier in einem gesonderten Abteil einzusammeln. Man verwendet es, um die Eier sauber zu halten und um zu verhindern, dass die anderen Hennen die Eier zerbrechen und fressen.

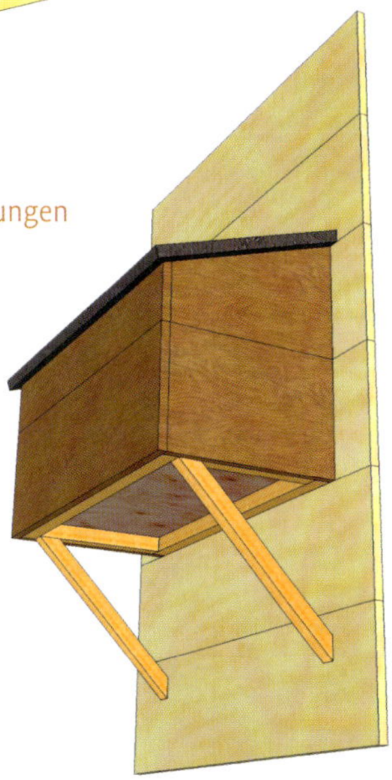

Legenest mit Außenverstärkungen im 45°-Winkel

	Recycling-Legenester	Eingebaute Legenester
Vorteile	• Mobilität und freie Wahl der Ausstattung • wegwerfbar und jederzeit ersetzbar (sehr praktisch bei Schädlingsbefall) • keine Kosten • schnell aufzustellen	• nehmen im Stallinnern keinen Platz weg • Einsammeln der Eier in Körperhöhe • Einsammeln der Eier von außen möglich, da Anbringung des Dachs mit Scharnieren
Nachteile	• Einsammeln der Eier nicht ganz einfach, wenn die Legenester auf dem Boden stehen • nehmen im Stallinnern viel Platz weg (sowohl auf dem Boden als auch auf einem Regalbrett)	• feste Struktur • hohe Kosten

Anmerkung

Bei den beiden Legenestmodellen ist es schwierig, den Boden einzustreuen. Eine hochklappbare Sitzstange vorne lässt sich auch an einigen anderen der in diesem Buch vorgestellten Legenester anbringen.

Allgemein gilt: Wenn die Eier verschmutzt sind, liegt es daran, dass eine Henne an den Füßen Schmutz aus dem Auslauf mitbringt; wenn ein Huhn Eier frisst, kann dies auf einen Nährstoffmangel hinweisen. Ein weiterer wichtiger Aspekt: Eine Henne wird im Nest nicht nur ihre Eier ablegen, sondern auch brüten. Wenn Sie ein Anhänger der Naturbrut sind, dann eignen sich dafür erhöht platzierte Legenester nicht gut. Hühnerküken sind Nestflüchter, die schon bald in alle Richtungen davonrennen. Sie würden Gefahr laufen, in die Tiefe zu stürzen. Brütet eine Henne erhöht, muss sie in ein Legenest auf dem Boden umgesiedelt werden – das ist bisweilen leichter gesagt als getan.

Industriell gefertigte Legenester

Im Handel erhalten Sie bereits fertig zusammengebaute Legenester, die Sie nur noch aufzustellen brauchen.

Die Fotos zeigen ein **doppeltes Legenest aus Holz und Hartfasermaterial**, bei dem die beiden beweglichen Flügelklappen, die den Tieren eine halbdunkle Umgebung und Sicherheit bieten, besonders bemerkenswert sind. Im Innern besteht der Untergrund aus einem Belag aus Kokosfasermatte, der in der Mitte ein Loch aufweist. Dort sammeln sich die Eier. Die Sitzstange vorn lässt sich hochklappen, sodass man Zugriff auf die unten befindliche Schublade mit den Eiern hat.
Dieses Legenestmodell ist eher zum Aufstellen als zum Aufhängen gedacht. Achtung: Die Wände aus Hartfasermaterial lassen sich nicht leicht reinigen. Unverbindlicher Preis: rund 45 €.

Alte Kommode ohne Schubladen

Wiederverwertete Anrichte

Ein in Frankreich erhältliches **einfaches Legenestmodell aus Metall,** beruht auf demselben Prinzip – mit hochklappbarer Sitzstange und einem Eiersammelabteil. Der Boden ist abgeschrägt, sodass die Eier nach dem Legen gleich in das Sammelabteil fallen. Es kann leicht gereinigt und an einer Wand befestigt werden. Unverbindlicher Preis: rund 60 €.

Wie sollen meine Legenester ausgestattet sein?

Der Hauptzweck einer Einstreu ist, das Legenest behaglich zu machen. Legen Sie den Boden mit Zeitungspapier aus: Dadurch reduziert sich die Reinigungsarbeit, wenn mal ein Ei zerbricht. Tauschen Sie das Papier aber oft aus, sonst wird es zur Brutstätte für Ungeziefer. Darauf geben Sie eine dicke Schicht aus Stroh, Heu, staubfreien Sägespänen und Farnwedeln. Verwenden Sie kein Sägemehl (zu hohe Staubentwicklung).

Bitte beachten!

Überprüfen Sie die Legenester regelmäßig auf Sauberkeit, denn verschmutzte Eier sind für den Verzehr ungeeignet. Jedesmal, wenn Sie die Einstreu auswechseln, schauen Sie alles rigoros auf eventuell Schädlinge durch. Seien Sie ganz besonders sorgfältig, wenn eine Henne brütet.

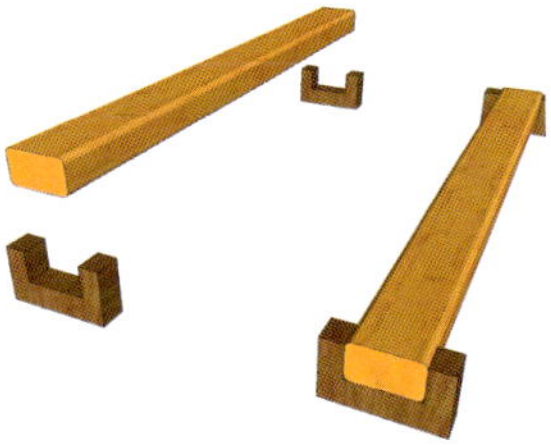

Eine abnehmbare Sitzstange ist leichter zu reinigen.

Sitzstangen

Die Dicke der Stangen richtet sich nach ihrer Länge und der Anzahl der Tiere, die sie tragen soll. Sie sollten von der Form quadratisch oder rechteckig sein, mit abgerundeten Ecken. Geeignet sind auch runde Stangen oder natürliche Äste, sofern sie den richtigen Durchmesser haben und nicht rutschig sind, denn Hühner klammern sich nicht fest, sondern stehen mit fast flachen Füßen auf der Stange. Halten Sie verschieden große Rassen, dann passen Sie die Sitzstangen für die großen und die kleinen Hühner an.
Die Höhe der Anbringung der Sitzstangen hängt von der Stallhöhe und der Größe der Hühner ab.
Um Steitigkeiten zu verhindern, bringen Sie mehrere Sitzstangen in einem Hühnerhaus alle auf gleicher Höhe an. Alle Hühner wollen immer auf der höchsten Stange sitzen! Um den Kot leichter zu entfernen, legen Sie ein Brett oder Zeitungen unter die Sitzstangen.

Höhe der Sitzstange nach Größe der Hühner:

- *40 bis 60 cm für große Rassen*
- *60 bis 80 cm für mittelgroße Rassen*
- *1 m und mehr für Zwergrassen*

Diese Höhen geben den Abstand zwischen Sitzstange und Startpunkt des Tieres an. Ein flugfreudiges Huhn erreicht leicht eine Sitzstange in 1,50 m Höhe.

Gut zu wissen

Hühner in der Wildnis schlafen zur Sicherheit vor Raubtieren auf Bäumen. Manche Haushühner tun das nicht mehr und schlafen auf dem Boden oder in den Legenestern. Kein Problem im Schutz eines Hühnerhauses. Nachteilig ist, dass sie dabei in ihrem Kot stehen und ihr Gefieder beschmutzen. Sie können versuchen, Ihr Geflügel „umzuerziehen", indem Sie es abends von Hand auf die Stange setzen. Ein einziges Huhn kann den anderen durchaus ein Beispiel sein.

Überprüfen Sie auch:

- *Passen Anzahl, Höhe und Breite der Sitzstangen? (Testen Sie verschiedene Anordnungen.)*
- *Wird die Sitzstange nachts von Roten Vogelmilben befallen?*
- *Können sich die Hühner auf der Stange halten? (Verletzung, Abszess am Fuß ...)*

Falsch: Das Huhn rutscht ab, der Durchmesser ist auf beiden Fotos noch zu gering.

Falsch: Sitzstange ist zu uneben, das Huhn kann die Balance nicht halten.

Richtig: Die Füße liegen flach auf.

Richtig: Dieselbe Sitzstange wie oben, jedoch mit Standfläche.

Die richtige Sitzstangenbreite

Messen Sie den Abstand zwischen dem hinteren Teil des Fußes und den ersten zwei Dritteln der längsten Kralle.

Hühnerleitern und Rampen

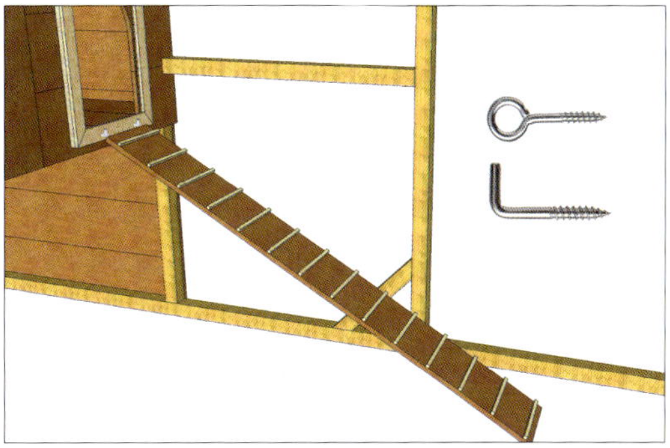

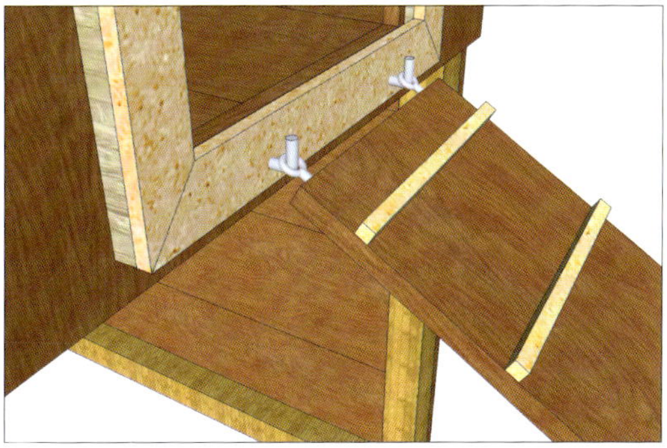

Die meisten der in diesem Buch vorgestellten Modelle besitzen eine Hühnerleiter. Für die sehr großen Hühnerrassen sollte sie mindestens 20 cm breit sein. Nehmen Sie dafür ein Brett, auf das Sie der Breite nach im Abstand von etwa 10 cm kleine Zierleisten nageln.
Um die Hühnerleiter zu befestigen, verwenden Sie am besten zwei Rundschrauben (auf der Abbildung oben zu sehen) sowie zwei Schraubhaken (auf der Abbildung unten zu sehen).
Die Rundschrauben werden am oberen Ende der Hühnerleiter eingeschraubt, die Schraubhaken in die Wand unterhalb der Öffnung.
Bei sehr kleinen, flugfähigen Hühnern (500 g) kann die Hühnerleiter auch nur aus einem Ast bestehen oder ganz entfallen. Vorstellbar, aber nicht ideal, sind auch Rampen in Form von Sprossenleitern. Hühner können sie nicht gut rauf- und runtersteigen und sie können bei sehr schweren Rassen zu Stürzen führen. Wollen Sie Naturbruten, müssen Sie auf alle Fälle eine klassische Hühnerleiter einbauen.

Futterstellen und Tränken

Nehmen Sie kleine Behälter, die Sie alle zwei bis drei Tage befüllen. In zu großen Behältern kann das Körnerfutter schimmeln und das Wasser verschmutzt leichter. Für den kleinen, familiären Zuchtbetrieb eignen sich die handelsüblichen Stülptränken für Geflügel (3 bis 5 Liter) und die Hühnertröge mit Fressgitter perfekt. Bei einer Plastiktränke können Sie den Wasserspiegel im Auge behalten und die Tränke entsprechend auffüllen.
Plastikmodelle müssen Sie nach zwei bis drei Jahren ersetzen, denn der Kunststoff wird mit der Zeit hart und bricht. Verzinkte Stahlbehälter sind teurer (mehr als 20 €), halten aber weit länger.

Trog mit Fressgitter und Stülptränke für Geflügel

Gut zu wissen

Futterstellen und Tränken sind Brutstätten für Krankheitserreger. Deshalb sollten sie unbedingt monatlich einmal desinfiziert werden.

Tipp

An der Futterstelle ist die Rangordnung gnadenlos. Dominante Hühner fressen zuerst und verjagen rangniedrige, denen nur noch die Reste bleiben. Wenn alle auf einmal fressen wollen, ist eine Futterstelle mit genügend Platz also wichtig. Sie können auch zwei Futterstellen mit einigen Metern Abstand voneinander aufstellen.

Selbstgebaute Tränke (1)

Nehmen Sie dazu eine 5 l-Plastik-Wasserflasche mit Henkel, wie es sie im Supermarkt zu Kaufen gibt, und einen Topfuntersetzer mit etwa 30 cm Durchmesser und mindestens 7 cm Tiefe. Bohren Sie mit der erhitzten Spitze eines Schraubendrehers in einem Abstand von 2 cm vom Flaschenboden ein Loch von 1 cm Durchmesser in die Flaschenwand. Füllen Sie die Flasche, während Sie das Loch mit einem Finger zuhalten, und stellen Sie sie in den Topfuntersetzer.

Selbstgemachte Futterstelle (2)

Diese Futterstelle ist äußerst praktisch und bietet zahlreiche Vorteile: keine Kosten; keine Futterverschwendung; zieht keine Wildvögel an; Futter ist vor Regen und Schnee geschützt.
Verwenden Sie dafür einen Plastikeimer mit Deckel (zum Beispiel einen großen Farbeimer) und schneiden Sie vier gleichmäßig verteilte Öffnungen heraus. Durchmesser und Höhe der Öffnungen lassen sich auf alle Größen von Hühnern anpassen. Für unser Beispiel brauchen Sie Folgendes:

- 20 l-Eimer für die großen und mittleren Rassen. Durchmesser der Öffnungen: 9 cm. Abstand zwischen dem unteren Teil der Öffnung und dem Eimerboden: 7 cm.
- 5 l-Eimer für die kleinen Rassen. Durchmesser der Öffnungen: 5 cm. Abstand zwischen dem unteren Teil der Öffnung und dem Eimerboden: 3 cm.
- Sie können die Öffnungen mit vielerlei Werkzeugen ausschneiden (Lochsäge, Cutter, erhitzte Spitze ...). Beschweren Sie das Ganze, indem Sie einen Ziegel oder Stein auf den Deckel legen, aber achten Sie darauf, dass sich dort kein Ungeziefer einnistet.

Wie schütze ich mein Geflügel vor Beutegreifern?

Viele Raubtiere statten Ihren Hühnern höchstwahrscheinlich einmal einen Besuch ab. Es gibt allerlei Maßnahmen, die Hühner davor zu schützen. Hier wollen wir uns auf die defensiven beschränken, denn das Fallenaufstellen ist genehmigungspflichtig und das Töten oder Fangen bestimmter Tiere gesetzlich verboten.

Links eine Manschette zur Rattenabwehr aus verzinktem Blech. Rechts eine selbstgebastelte Manschette aus einer großen Konservenbüchse.

Landraubtiere

Ein Hühnerstall auf Stelzen schützt gut gegen Nager. Mit der Zeit aber nimmt seine Unüberwindbarkeit ab, denn Ratten und Mäuse werden alles daransetzen, die Schwachstellen zu finden.

- **Mäuse** sind zwar keine Beutegreifer, gelten aber als Krankheitsüberträger. Lagern Sie keinesfalls Futter im Stallinneren, denn Körner ziehen sie an.
- **Ratten** machen weder vor Eiern, Küken oder kleinen Hühnerrassen Halt. Sie klettern ausgezeichnet. Durch das Anbringen von Rattenabwehrmanschetten an den Pfosten können Sie dem entgegenwirken. Für weniger talentierte Bastler: Den gleichen Zweck erfüllt eine einfache Blechdose, die mit zwei Nägeln am Pfosten befestigt wird.
- **Igel** sind Eierräuber. Sie zerbrechen die Eierschalen, um dann den Inhalt zu verspeisen. Sie finden schnell die Schwächen in der Stallstruktur, tun sich aber schwer, in einen fest verschlossenen Stall einzudringen oder eine Umzäunung zu überwinden.
- Ungewöhnlicher sind unsere **Katzen**, auch sie gehen beim Räubern oder Verspeisen von Eiern sehr effizient vor.
- Aufgerissene Gitter und untergrabene Umzäunungen sind das Werk zweier Fleischfresser: **Füchsen** und **streunenden Hunden**. Sie gelten als die größten Hühnerräuber. So kommen sie von oben und unten in ein Hühnergehege hinein.
- Die **Marderartigen**, von denen Marder, Steinmarder, Wiesel und Frettchen wohl am meisten gefürchtet sind, stehen Füchsen und Hunden in nichts nach. Sie vergreifen sich an Beutetieren, die viel größer sind als sie selbst, verbeißen sich im Hals des Opfers und verursachen tödliche Blutungen.

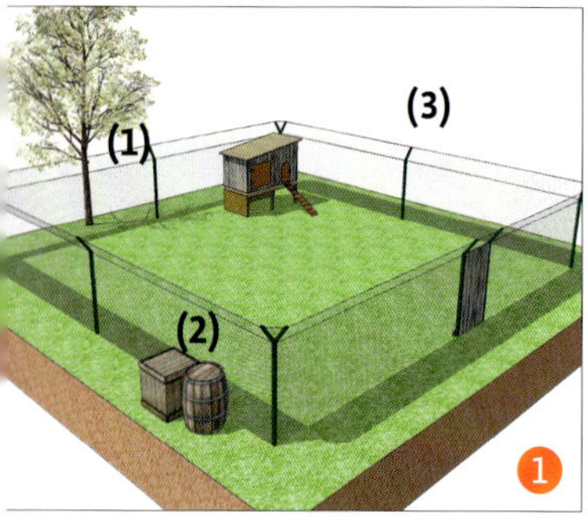

Das kopflose Chaos, das unter dem Hühnervolk ausbricht, verursacht bei den Raubtieren oft einen „Blutrausch", der sie dazu treibt, viel mehr Tiere zu töten, als sie müssten, um ihren Hunger zu stillen.

Lösungsvorschläge

(1)

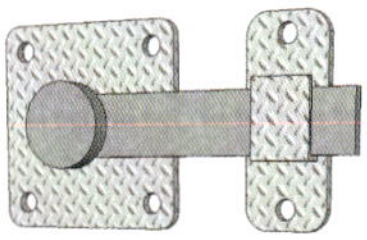

(2)

(3)

Welche Mittel gibt es, sich vor solchen Überfällen zu schützen? Während der Nacht sind die Hühner in ihrem Stall in Sicherheit – vorausgesetzt, die Lüftungsöffnungen (auch wenn sie noch so klein sind) sind vergittert und alle Türen und Klappen verschlossen und verriegelt. Vermeiden Sie zu simple Verriegelungssysteme wie Schnapp- oder Hakenschlösser **(1)**, die ein Tier mit der Pfote öffnen kann. Entscheiden Sie sich lieber für einen Bajonett- (oder Schiebe-) Riegel **(2)** bzw. eine Knopfverriegelung **(3)**.
Bei Schiebeklappen verwenden Sie einen Sicherungsstift, der die Klappe sowohl in geöffnetem als auch geschlossenem Zustand hält (siehe Modell Seite 99).
Denken Sie daran, die Hühnerleiter, falls vorhanden, vom Stall abzunehmen.

1 Um Angriffen bei Tag entgegenzuwirken, müssen Sie ein paar Vorsichtsmaßnahmen im Bereich des Außengeheges treffen. Vermeiden Sie bereits bei der Planung riskante Anordnungen. Ein Zaun **(1)**, der in der Nähe eines Baums gezogen wird, bietet einen idealen Einstiegspunkt ins Gehege. Jeder Gegenstand, der direkt an der Umzäunung steht **(2)**, kann zum Nutzen des Räubers sein (Holzstapel, Tonnen etc.). Um zu verhindern, dass Raubtiere über den Zaun klettern, sollten Sie den Maschendraht auf einer Breite von 20 bis 30 cm nach außen hin im 45°-Winkel umbiegen **(3)**.
Damit Hund oder Fuchs sich keinen Gang unter dem Zaun hindurch graben können, ziehen Sie als klassische Gegenmaßnahme einen Graben, um den Zaun darin einzulassen. Diese Methode ist bisweilen schwer umzusetzen, etwa wenn die Bodenqualität schlecht oder der Zaunumfang zu groß ist.

4

5

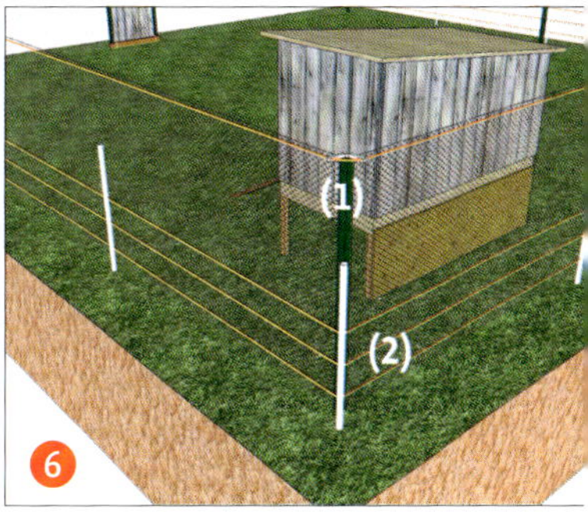

6

2 Eine andere Lösung wäre, entlang des Geheges Steinplatten zu legen: Das wirkt aber nur bei Räubern, die keine Gänge graben und nur die Erde unter dem Zaun ausheben. Eine wirksame Methode, oft aber mit höheren Kosten verbunden.

3 Viel kostengünstiger ist ein einfacher, mindestens 40 cm breiter Maschendraht, den Sie am unteren Teil der Umzäunung befestigen und auf dem Boden auslegen. Beschweren Sie ihn mit großen Steinen oder halben Rundstämmen. Solche können Sie auch noch innen im Gehege auslegen. Das verhindert, dass die Hühner an der Stelle ein Loch scharren und eine vorzeitige Bodenerosion hervorrufen. Verwenden Sie hierfür besser einen kunststoffummantelten Maschendraht, sonst wird er nach einigen Jahren rosten und kaputt gehen.

4 Ihre Hühner scheinen nun vor grabenden Raubtieren geschützt zu sein. Ein Schwachpunkt bleibt noch: der Eingang. Durch eine dicke Holzplatte kann der Eingangsbereich sicher gemacht werden. Sie wird zu ¾ vor der Tür eingegraben und von zwei u-förmigen Eisenstangen an Ort und Stelle gehalten: Damit können Sie jeden „Grabversuch“ unterbinden.

5 Ist der Zaun zu feinmaschig, wird der dem Gebiss eines Fuchses nicht lange standhalten. Es ist daher bisweilen nötig, das Gehege innen doppelt einzuzäunen: Die sicherste Methode ist aber, innen ein robustes Metallgitter anzubringen. Wenn sich das Hühnergehege in der Nähe Ihres Wohnhauses befindet und Sie laute Glocken oder Schellen anbringen, werden Sie gewarnt, wenn ein Räuber versucht einzudringen.

6 Sie können auch einen Elektrozaun anschließen, was relativ kostspielig ist (ab 100 €), allerdings auch am wirksamsten.
Die beste Lösung besteht darin, oben am Zaun einen Draht gegen kletternde Raubtiere zu spannen **(1)**, und mindestens drei Drähte im Abstand von ca. 20 cm unten am Zaun **(2)** als Schutz vor grabenden

Vogelscheuche, wie sie von Profis auf frisch eingesäten Feldern verwendet wird.

Klassische Vogelscheuche, wie man sie noch in ländlichen Regionen antrifft.

und kratzenden Raubtieren. Um zu vermeiden, dass der Strom abgeleitet wird, sollten Sie den Pflanzenbewuchs regelmäßig zurückschneiden, damit er nicht in Kontakt mit den Drähten kommt. Die Leistungsfähigkeit des Weidezaungerätes hängt von der Gesamtlänge des Drahtes ab, durch den der Strom fließen soll. Es gibt Modelle, die mit Netzbetrieb funktionieren, andere wiederum sind batteriebetrieben. Manche Geräte sind mit Solarzellen ausgestattet, damit sie unabhängig sind.

Beutegreifer aus der Luft

Wenn Sie Ihre Hühner soweit vor Landraubtieren geschützt haben, droht ihnen aber immer noch Gefahr aus der Luft. Zu den regelmäßigen Besuchern von Hühnerhöfen zählen die Rabenvögel wie Krähen, Elstern, Dohlen, Raben oder Eichelhäher und – in Küstenregionen – Möwen. Diese Alles- oder Aasfresser sind intelligente Räuber und treten häufig als Paare oder Gruppen auf. Eier und junge Küken zählen zu ihrer Leibspeise.
Auch ausgewachsene Hühner stehen auf dem Speiseplan einiger Raubvögel wie dem Habicht oder dem Sperber. Kleine Beute nehmen sie häufig mit, größere verspeisen sie an Ort und Stelle.

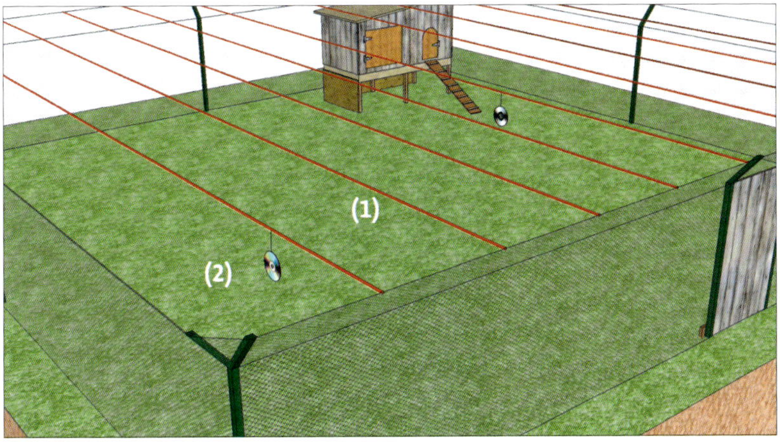

CDs geben bewegliche Lichtreflexe ab, die die Sicht von Raubvögeln stören.

Lösungsvorschläge

Zuerst müssen Sie wissen, wie Sie sich am besten vor diesen Angriffen aus der Luft schützen können. Die meisten der folgenden Maßnahmen können kombiniert werden, um einen besseren Schutz zu erhalten.
Die klassische Vogelscheuche in Gestalt eines Menschen wirkt nicht abschreckend, wenn sich daran nichts bewegt. Ein im Wind flatternder Stofffetzen an einem Stock oder Ast schreckt eher ab. Eine Vogelscheuche muss beweglich, grellbunt gekleidet sein und regelmäßig umgestellt werden. Im Handel finden Sie auch unterschiedliche Attrappen, die unerwünschte Besucher vertreiben sollen. Trotzdem: Raubvögel gewöhnen sich äußerst schnell an solche Objekte.
Eine andere Maßnahme besteht darin, das Gehege netzförmig mit Schnüren zu überspannen **(1)**. Man kann die Wirksamkeit noch erhöhen, indem man glänzende, labile Objekte an die Schnüre hängt, wie beispielsweise alte CDs **(2)**.

Vogelschutznetz

Der beste Schutz ist ein Netz. Bei sehr großen Hühnergehegen mag es extrem zeitaufwendig, wenn nicht sogar unmöglich erscheinen, ein Netz zu spannen. Es bietet aber den großen Vorteil, die Hühner vor Wildvögeln und den von ihnen übertragenen Viren und Krankheitserregern zu schützen. Die im Handel angebotenen Vogelschutznetze bieten ein gutes Preis-Leistungs-Verhältnis (ab 0,60 €/ m²).

Große Gehege können zeltförmig mit einem Netz überspannt werden. Oben auf den Masten ist ein Stück Plastik oder Reifen befestigt, das dafür sorgt, dass das Netz nicht frühzeitig durch Reibung beschädigt wird.

Die Rote Vogelmilbe in Schach halten

Rote Vogelmilben im ersten Entwicklungsstadium auf Zeitungspapier. Man erkennt Eier und Larven (weiß), mit Blut vollgesaugte erwachsene Tiere (rot und schwarz) sowie ihren Kot (grau meliert).

Man kann nicht über Geflügel sprechen und die Rote Vogelmilbe (*Dermanyssus gallinae*) unerwähnt lassen. Sie ist eine echte Plage für jeden Vogelzüchter. Die Milben bewohnen dunkle Ecken und wandern in der Nacht zu den Tieren, um sich mit ihrem Blut vollzusaugen. Dies macht es schwer, sie aufzuspüren und zu bekämpfen, und meist sind sie auch noch resistent gegen Insektizide.

Eine Milbenkolonie kann sich monatelang unbemerkt im Hühnerstall vergrößern. Der Blutverlust schwächt stark befallenes Geflügel in wenigen Tagen so, dass es sterben kann. Es ist extrem schwierig, massiven Befall einzudämmen: Die Vogelmilbe hält neun Monate ohne Nahrung und bis zu −20 °C aus. Das macht eine Stallräumung zur Sanierung fast unmöglich.

Vorschläge zur Bekämpfung

Inspizieren Sie Ihr Geflügel regelmäßig – vor allem bei warmem, feuchtem Wetter. Mit der Zeit kennen Sie die für die Entwicklung von Milbenkolonien günstigen Stellen:

- unter Legenestern, wenn sie beweglich sind,
- unter dem Material, mit denen die Legenester ausgelegt sind,
- an der Stelle, wo die Sitzstange auf den Auflagekeilen liegt,
- unter dem Bodenbelag, wenn ein solcher vorhanden ist,
- zwischen Holz und Isolierungsmaterial,
- unter oder hinter den Einrichtungsgegenständen,
- unter den Kotplätzen ...

Falls Sie kein Milbennest entdecken, dann vielleicht Milbenkot: Er sieht aus wie eine feine Mischung aus Pfeffer und Salz. Bevorzugte Milbenopfer sind brütende Hennen, achten Sie besonders darauf. Es ist besser, eine Milbenpopulation im Anfangsstadium zu regulieren als später zu versuchen, sie komplett auszurotten: Sie werden nicht verhindern können, dass die Milben wieder auftauchen. Die Art der Bekämpfung hängt von der Anzahl der Nester und von der Örtlichkeit ab (siehe Tabelle Seite 135).

Heute wird fast ausnahmslos Kieselgur zur Bekämpfung der Roten Vogelmilbe verwendet. Unterstützend lassen sich die in der Tabelle vorgestellten Lösungen schnell und einfach durchführen. Weitere, radikalere Methoden etwa durch chemische Schädlingsbekämpfung in Pulver- oder flüssiger Form oder Rauchentwicklung sind zwar wirkungsvoll, eine Garantie, dass die Vogelmilbe nicht doch wieder zurückkehrt, gibt es nicht.

Infektionsherd	Bekämpfungsmethoden
In beweglichen Legenestern (Kisten)	Verbrennen Sie die Legenester und ersetzen Sie sie durch neue.
In beweglichen Legenestern aus Plastik oder Metall	Bauen Sie so viele Teile wie möglich ab. Waschen Sie diese mit warmem Wasser und Spülmittel. Danach weichen Sie die Teile 20 Minuten lang in kaltem Chlorwasser ein.
In der Stallstruktur selbst, einschließlich der integrierten Legenester	Bei einem zerlegbaren Modell: Bauen Sie dieses auseinander. Waschen Sie vor allem den Boden mit sehr warmem Wasser und Reinigungsmittel. Bei den großen Modellen (Körpergröße) nehmen Sie zusätzlich noch einen Gartenschlauch, einen Dampfstrahler oder eine thermische Behandlung zu Hilfe. Damit können Sie auch die hintersten Ecken erreichen.
Unter dem Boden des Hühnerstalls. (Dies gilt vor allem für große Hühnerställe, die sich dicht über der Erde befinden und die nicht mobil sind.)	Waschen Sie den Boden im Stallinnern mit sehr warmem Wasser und Reinigungsmittel. Führen Sie auf beiden Seiten des Bodens eine thermische Behandlung durch.
Im Erdboden unterhalb des Hühnerstalls, in einem Bereich, der für die Hühner unzugänglich ist. (Dies gilt vor allem für große Hühnerställe, die sich dicht über der Erde befinden und die nicht mobil sind.)	Behandeln Sie die entsprechende Stelle mit Kalk. Vorsicht: Informieren Sie sich im Vorfeld über die verschiedenen Behandlungsmethoden mit Kalk (Bestäuben bei Anwendung an den Wänden ...).

Am Tag kann sich eine Kolonie Roter Vogelmilben außerhalb des Hühnerstalls aufhalten. Dies ist bisweilen bei Hühnerställen der Fall, die dicht über der Erde stehen. Der Zwischenraum unterhalb des Stalls bietet den Milben einen dunklen und temperierten Zufluchtsort.

Gut zu wissen

- *Rote Vogelmilben sind nicht größer als 1 mm.*
- *Zur Fortpflanzung brauchen sie Vogelblut.*
- *Die Mahlzeit (Stich) einer Vogelmilbe kann bis zu 30 Minuten lang dauern.*
- *Die Weibchen legen im Leben acht Mal jeweils weniger als ein Dutzend Eier, haben aber einen sehr kurzen Reproduktionszyklus.*
- *Rote Vogelmilben übertragen Krankheitserreger, etwa Salmonellen.*
- *Sie können Säugetiere stechen.*

Materialien für die Verschalung

Fassaden und Wände

Für kleine Bauten ist Holz nach wie vor das Material der Wahl. Es ist selbst mit manuellen Werkzeugen leicht zu bearbeiten und isoliert gut gegen Hitze und Kälte, (im Gegensatz zu Stein oder Metall). Am ökonomischsten ist Recyclingholz. So lassen sich Holzpaletten zerlegen, um Bretter als Baumaterial zu erhalten – alles zum Nulltarif, nur mit Muskelkraft. Die großen Baumärkte haben verschiedene Holzarten im Angebot, die sich in der Vorbehandlung unterscheiden (vgl. unten) oder in ihrem Schnittprofil (vgl. rechte Spalte).

Holzschutzklassen

- *Klasse 1: Feuchtigkeit < 20 %. Behandlung gegen Holzschädlinge. Meist innen verbautes Holz.*
- *Klasse 2: Feuchtigkeit gelegentlich über 20 %. Behandlung gegen Holzschädlinge und Pilze. Holz kann mäßigen Klimaschwankungen ausgesetzt sein (Gebälk).*
- *Klasse 3: Feuchtigkeit oft über 20 % und ohne Erdkontakt. Behandlung gegen Holzschädlinge, Schimmelpilz, Feuchtigkeit. Häufig im Außenbereich verwendet für Fenster, Fensterläden, Fassadenverkleidungen.*
- *Klasse 4: Feuchtigkeit oft über 20 % und mit Erdkontakt. Behandlung gegen Holzschädlinge, Schimmelpilz, Feuchtigkeit, Fäulnis. Wird für Pontons und Umzäunungen verwendet.*
- *Klasse 5: Spezialbehandlung für Hölzer mit ständigem Kontakt zu Meerwasser.*

Die verschiedenen Schnittprofile

Von links nach rechts:
Brett, einfacher Schnitt (meist Klasse 1 oder 2).
Brett, Stufenschnitt (meist Klasse 1 oder 2).
Wandverkleidung (meist Klasse 1).
Imprägnierte Fassadenverkleidung mit Nut-Feder-Verbindung (speziell für den Außenbereich, mit einer optimalen Form, damit Wasser abfließen kann; meist Klasse 3).

Meist werden wir Materialien der Klasse 1 (Bretter, Wandverkleidung) verwenden oder der Klasse 3 (Fassadenverkleidung mit Nut-Feder-Verbindung), die man nur ineinanderfügt.
Wandpaneele sind perfekt für kleine Hühnerhäuser, doch in Regionen mit strengen Wintern sollten dickere Bretter dafür gewählt werden, die isolierend wirken. Sie sind auf alle Fälle preisgünstig und die Montage, bei der die Paneele überlappend zusammengebaut werden, schützt vor Zugluft.
Eine Fassadenverkleidung mit Nut-Feder-Verbindung bietet guten Witterungsschutz. Das Falzprofil sorgt für eine sichere Abdichtung und die Außenseite ist so konzipiert, dass das Holz kaum Kontakt mit Wasser hat. Diese Fassadenverkleidung ist jedoch im oberen und unteren Bereich etwas schwieriger zusammenzubauen (vgl. Seite 137).

Zusammenbau einer Fassadenverkleidung mit Nut-Feder-Verbindung

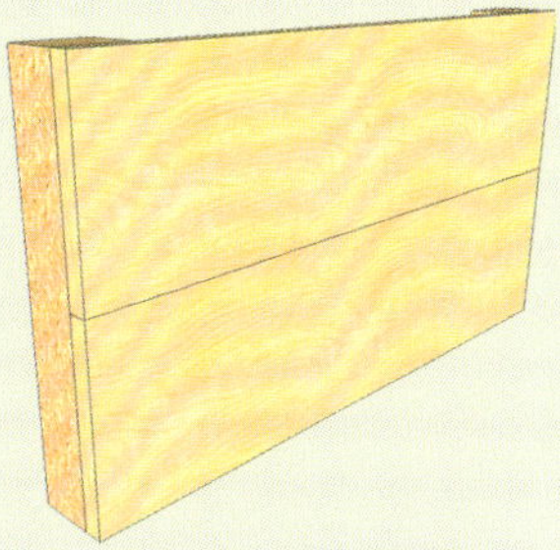

Stellen Sie sich eine kleine Wand aus zwei Brettern vor. Der Zusammenbau dieser Wand aus ineinandergefügten Brettern ist sehr einfach, begünstigt jedoch Zugluft und das Eindringen von Wasser etc.

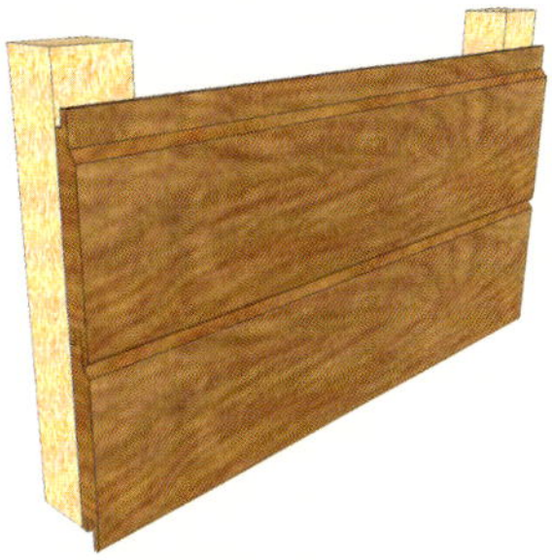

Wenn Sie mit einer Fassadenverkleidung mit Nut-Feder-Verbindung (in den gleichen Abmessungen) auf dieselbe Weise vorgehen, lassen sich die Bretter besser einpassen. Nur oben und unten an den Brettern entstehen jeweils Rillen, die nicht sehr ästhetisch aussehen und auch nicht praktisch sind

Damit der obere und untere Teil der Wand perfekt aussieht, muss jeweils ein Brett der Fassadenverkleidung in der Länge abgeschnitten werden.
Abschließend lässt sich für dieses Beispiel zusammenfassen: ein etwas höherer Materialverbrauch durch mehrere Längszuschnitte, die sich mit manuellem Werkzeug als sehr zeitaufwändig erweisen können, wenn die Fassadenverkleidung recht großflächig ist (siehe Seite 83).

Leben Sie in einer Region, wo die Temperaturen auf -15 °C oder tiefer fallen können, sollten Sie im Innern eine Isolierung anbringen (beispielsweise mit Glaswolle). Das funktioniert aber nur als vorübergehende Maßnahme während der Winterzeit. Sobald die Temperaturen wieder steigen, wird dieses Material ganz schnell zum 4-Sterne-Hotel für Parasiten, allen voran die Rote Vogelmilbe. Besser geeignet sind dickere Bretter (25, 27, 30 mm) und ein etwas kleineres Hühnerhaus, in dem sich die Luft im Stallinnern durch die Körperwärme der Tiere schnell erwärmt.

Bitte beachten!

Verwechseln Sie nicht die „Klick"-Montage, bei der einfache Bretter übereinander gelagert werden (siehe Seite 86) mit einer Fassadenverkleidung mit Nut-Feder-Verbindung, bei der die Bretter auf ein bestimmtes Profil vorab zugeschnitten sind, damit sie ineinandergefügt werden können.

Dächer

Gut zu wissen

Bei Well- und Trapezblechdächern entsteht Kondenswasser und Wassertropfen können ins Innere des Hühnerhauses gelangen. Es gibt doppelt so teure Bleche, die kein Kondenswasser bilden. Das Kondenswasser schlägt sich auch auf den Kämmen der Tiere nieder, sodass es im Winter zu Erfrierungen kommen kann.

Tipp

Für die weniger geschickten Heimwerker gibt es Dachfirste, die bereits mit Bitumen überzogen sind und sich sehr leicht anbringen lassen. Bei kleinen Hühnerställen können Sie auch ganz einfach (und nicht teuer!) einen Streifen Gummi, den Sie zum Beispiel aus einem Autoreifen ausgeschnitten haben, aufnageln.

Verzinktes Wellblech und Trapezblech – mit Dämmung

Diese beiden Materialien sind leicht und schnell ausgelegt, vor allem bei Dächern ohne First. Der Preis pro m² ist recht günstig, hinzu kommen die Kosten für Isolierung, eine große Anzahl an Ringschrauben und Unterlegkeile, was nicht unterschätzt werden darf. Das Blechdach muss unbedingt gedämmt werden, denn in kalten Regionen wird es vereisen, in warmen wird es sich so stark erhitzen, dass die Hühner im Inneren das nicht überleben. Bei starkem Wind kann sich das Dach verbiegen, sogar komplett abbrechen. Ein solches Dach ist also möglich, hat aber viele Nachteile.

Spanholzplatten, OSB-Platten (Grobspanplatten)

Für kleine Hühnerställe (bis 3 m²) eignet sich eine einfache Holzplatte als Dach am besten. Die verwendeten Materialien müssen gegen Feuchtigkeit behandelt sein. Wir sprechen somit von imprägnierten Spanholzplatten bzw. OSB 3-Platten. Spanholz- und OSB-Platten müssen mit einer Bitumenbahn bzw. mit Teerpappe überzogen sein, damit sie haltbarer sind. Bitumenbahnen werden meist in 1 m breiten und 5 bis 10 m langen Rollen verkauft. Die Oberfläche der Bitumenbahn muss etwas größer sein als die des zu überziehenden Daches, damit sie an den Enden umgeschlagen werden kann.
Es gibt Bitumenbahnen zum Kleben, zum Heißverkleben oder einfach zum Aufnageln. Achtung: Selbst nach dem Aufkleben muss die Bitumenbahn an den heiklen Stellen (Ecken, Kanten, Falzstellen innen, Verbindungsstellen der Bahnen) mit kleinen Nägeln (mit großen Köpfen) befestigt werden.
Sie können auch Bitumenschindeln oder -kunststeine verwenden. Das Material ist das gleiche, nur in Lamellen zugeschnitten, die man wie Dachziegel verlegt.

Befestigung von Trapezblech

A: Dachgebälk
B: Trapezblech
C: Unterlegkeil aus Plastik
D: Unterlegscheibe
E: Kalotte aus Metall
F: Ringschraube.

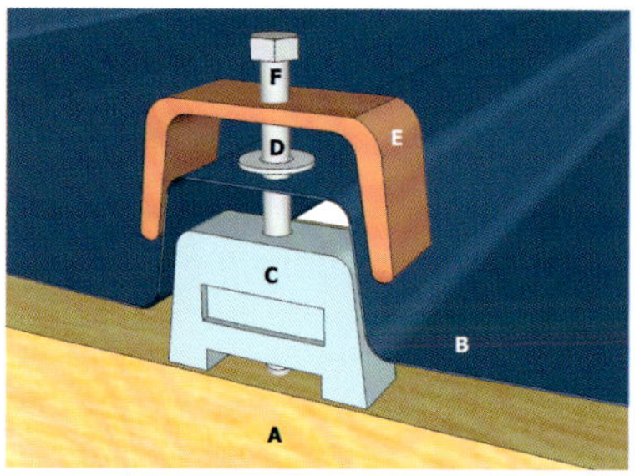

Hühnerhaus mit einem Dach aus Trapezblech

Hühnerhaus mit Wellblechdach

Durchschnittlicher Preis pro m^2:

- *verzinktes Wellblech: 8 €*
- *Trapezblech: 10 €*
- *Trapezblech Anti-Kondenswasser: 17 €*
- *imprägnierte Spanholzplatte 19 mm: 18 €*
- *OSB3-Platte 18 mm: 36 €*
- *Bitumenschindeln: 7 €*
- *Bitumenbahn: 5 €*

Bitumenbahn

Bitumenschindeln

Zusammenbau einer Holzstruktur

Diese Holzstruktur stellt den ersten Konstruktionsschritt bei einem Hühnerstall dar. Oben links befindet sich der Aufenthaltsbereich, der Rest ist Voliere. Für diese Art der Montage wenden wir die einfachste und klassischste Methode an: die Verblattung. Durch sie erhält man ein stabileres Gerüst und es treten keine Verdickungen am Holz auf.

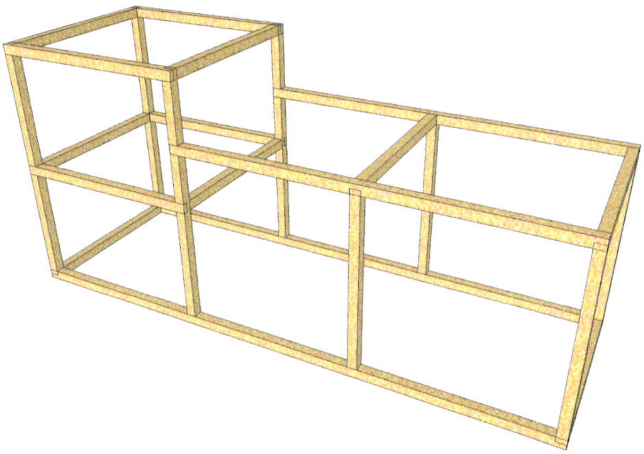

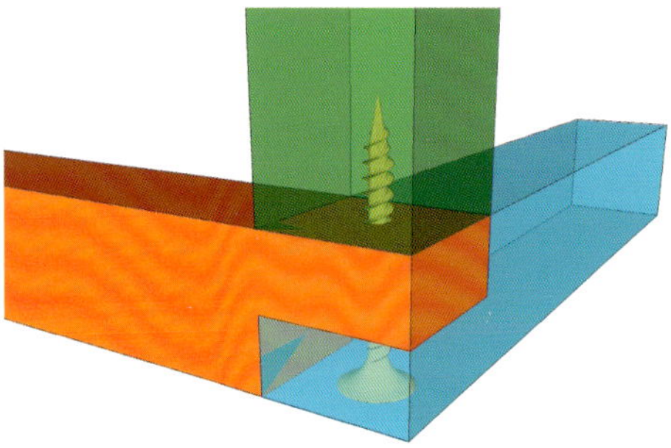

Eckverblattung

Das Prinzip bei der Eckverblattung besteht darin, die beiden Teile in der Dicke mittig einzukerben, damit die beiden – hier dunkel dargestellten – Abschnitte ineinandergefügt werden können.

- Zeichnen Sie den Verlauf der Kerben zuerst auf das Holz auf.
- Schneiden Sie dann mit einer Fein- bzw. Stichsäge die Kerben aus.

Danach verbinden Sie die 2 (oder 3) Teile mit Klebstoff und einem Nagel (bzw. einer Schraube), wie auf der Abbildung dargestellt. Um die Arbeit zu vereinfachen, können Sie das Loch für die Schraube mit einem Bohrer vorbohren. Die Tiefe des vorgebohrten Lochs entspricht in etwa der halben Länge der Schraube.

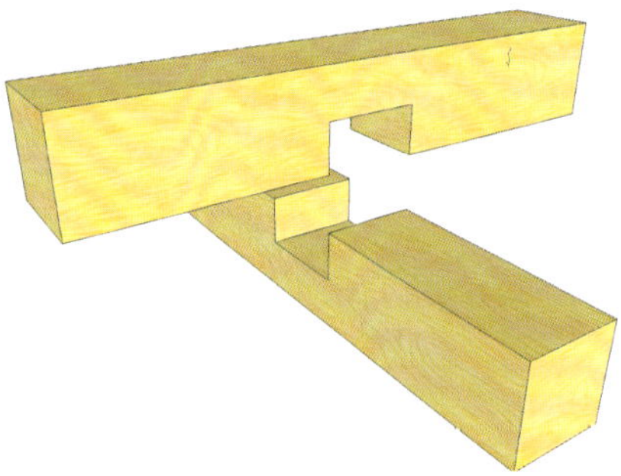

Kreuzförmige Verblattung

Wenn Holzteile über Kreuz verbunden werden sollen, geht man folgendermaßen vor:

- Sägen Sie zwei vertikale Einkerbungen aus jedem Teil heraus – und zwar an der gewünschten Stelle und mit der erforderlichen Tiefe.
- Heben Sie die herausgesägten Teile mit einem Stemmeisen heraus und bearbeiten Sie die Kerben abschließend mit einer Feile.

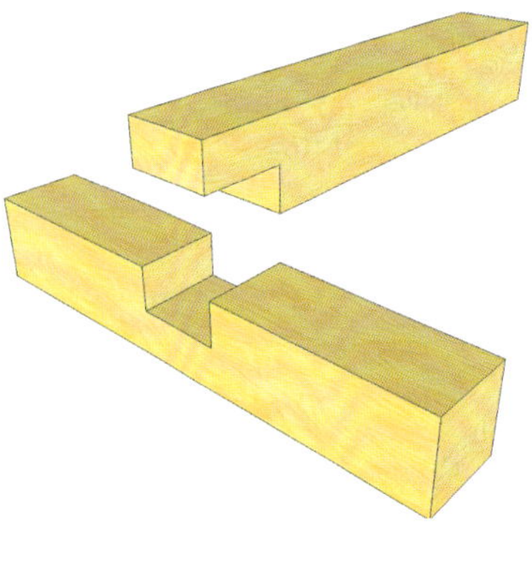

T-förmige Verblattung

Kombiniert man die Eckverblattung mit der kreuzförmigen, dann erhält man eine T-förmige Verblattung.
Wenn die T-förmige bzw. kreuzförmige Verblattung gut gemacht wird, müssen sich die beiden Teile – unter leichtem Druck – leicht ineinanderfügen lassen. Sollten Sie mit dieser Technik nicht vertraut sein, empfehlen sich einige „Testdurchläufe“.

Nägel, Schrauben, Bolzen

Folgende Materialien sind auf den Materiallisten fast ausnahmslos nicht aufgeführt. Sofern Sie keinen Vorrat davon haben, sollten Sie die Kosten dafür nicht unterschätzen. Beispiel: Für die vier Wände des Hühnerhauses von Seite 102 brauchen Sie etwa 300 Nägel.

Nägel

Bei kleinen Ställen wie von Seite 12 und 22 können die Rahmengerüste genagelt und mit Polyurethan-Klebstoff für Holz geleimt werden. Weniger dicke Teile wie Eckleisten, Tür- oder Klappenumrandungen befestigt man mit Metallstiften. Für Bitumenschindeln oder -bahnen gibt es spezielle kleine Nägel.

Schrauben

Mit Schrauben bauen Sie vor allem größere Rahmen aus Holzleisten zusammen. Hierfür ist die von Profis empfohlene Rocket®-Torx® (siehe unten) ideal. Rocket® sind Schrauben mit einem spitz zulaufenden, gekerbten Ende, damit das Holz nicht splittert. Torx® bezeichnet die sternförmige Vertiefung für den Schraubendreher, Akkuschrauberaufsatz oder Schlüssel. Je nach Art des Daches (Wellblech, Trapezblech, siehe Seite 138) sind geeignete Ringschrauben nötig.

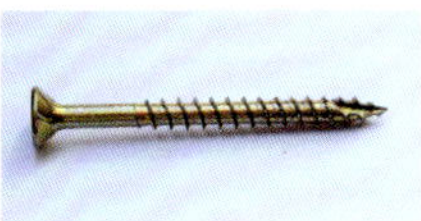

Bolzen

Für die zerlegbaren Ställe (Seite 12 und 22) nehmen Sie TRCC-Bolzen (Vierkantschrauben).

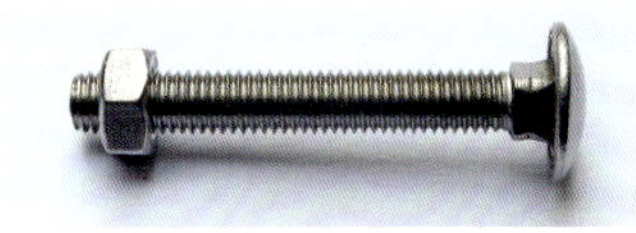

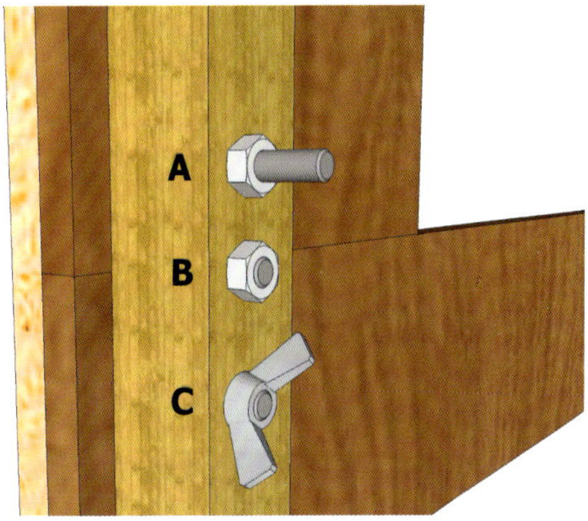

A Schieben Sie den Bolzen in das vorgesehene Loch und schrauben Sie die Mutter mit dem Schlüssel so fest auf, dass sich das rechteckige Stück unter dem Schaubenkopf ins Holz eindrückt.
B Schneiden Sie am Rand der Mutter die Schraube mit einer Säge oder Flex ab.
C Schrauben Sie die Mutter ab und setzen eine Flügelmutter auf, um späteres Zerlegen zu erleichtern.

Wie schlage ich einen Nagel ein?

1. *Damit das Holz nicht splittert, gehen Sie wie folgt vor: Platzieren Sie den Nagel, als ob Sie ihn verkehrt herum einschlagen wollten, und schlagen Sie mit einem Hammer leicht auf die Nagelspitze.*
2. *Die nun leicht gequetschte Nagelspitze schont das Holz. Der Abdruck des Nagelkopfs im Holz hinterlässt eine leichte Einbuchtung, die die Holzabsplitterung ebenfalls reduziert.*
3. *Schlagen Sie dann den Nagel in der Mitte des Abdrucks ein.*

Befestigung der Pfosten

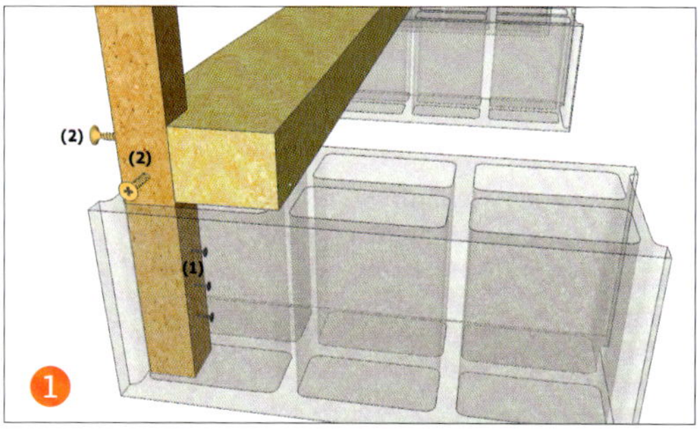

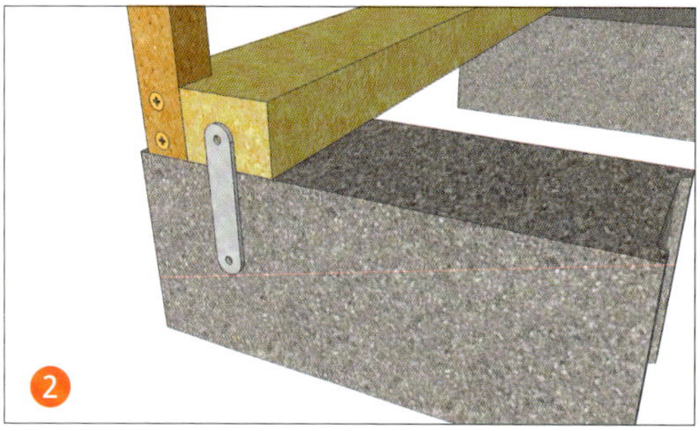

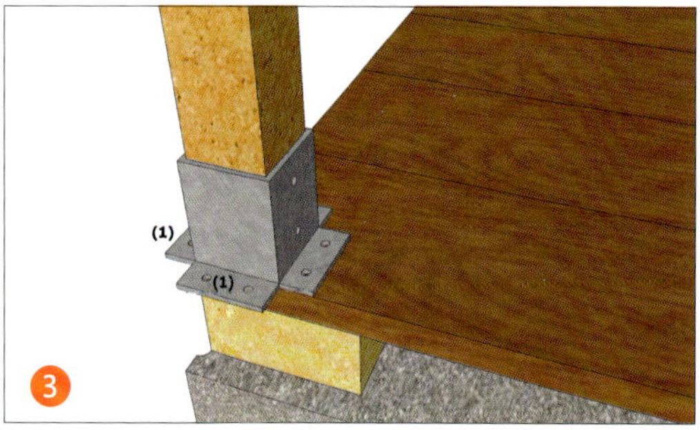

Das Hauptgerüst eines Hühnerstalls besteht aus mindestens vier Pfosten. Für ihre Befestigung können Sie unter mehreren Methoden wählen.

1 Die Pfosten werden in Hohlblocksteinen verankert. Durch einige Nägel **(1)** kann sich der Pfosten besser mit dem Beton verbinden, der dann in die Öffnung gefüllt wird. Danach wird das zuvor passend zugeschnittene Kantholz **(2)** angeschraubt. Dann legen Sie den Boden auf.

Bitte beachten!

Der Teil des Pfostens, der in den Beton eingelassen wird, sollte vorher mit Holzschutzmittel behandelt werden. Umwickeln Sie diesen Teil nicht mit flexiblem Styropor.

Tipp

Hohlblocksteine, in denen sich keine Pfosten befinden, müssen mit den Öffnungen nach unten platziert werden, damit sich darin kein Wasser sammelt. Auch gibt es spezielle Hohlblocksteine für die Pfostenerankerung.

2 Der Pfosten wird am entsprechend zugeschnittenen Kantholz verschraubt. Dieses wiederum wird mit daran angeschraubten Metallplättchen, die mit Bolzen am Hohlblockstein befestigt werden, verankert.

3 Legen Sie den Boden vor den Pfosten aus; gut eignen sich Pfostenhülsen aus verzinktem Stahl. Es gibt sie in verschiedenen Ausführungen, eine der praktischsten zeigt diese Abbildung. Sobald der Pfosten mit der Hülle an Ort und Stelle fixiert ist, sägen Sie die überstehenden Metallteile **(1)** einfach ab.

4 Für kleine Holzstrukturen oder zur Befestigung nicht tragender Bauteile eignen sich Anschlagwinkel aus Metall.

Service

Glossar

Abschrägung: Abschleifen bzw. Zuschneiden von zwei zusammengebauten Holzteilen, damit sie denselben Neigungswinkel aufweisen, um daran ein drittes Teil auszurichten.

Auflagen für Pfosten: Metallteile, mit denen Pfosten auf ebenen Flächen befestigt werden können.

Auslauf/Gehege: Außen- oder Innenbereich, zu dem die Hühner ganztägig Zugang haben.

Bitumen-Schindel bzw. -kunststein: Bitumen-Dachpappe, die wie Dachziegel oder Dachschiefer verlegt wird.

Fenster: Unerlässlich für das Wohlbefinden der Hühner. Nach Süden oder Osten ausrichten.

Futterstelle: Spezieller Behälter, in dem man das Körnerfutter für das Geflügel bereitstellt.

Hohlblockstein: Baumaterial mit gegossenen Vertiefungen.

Holzleiste: Dünnere Holzteile für die Montage oder Holzelemente mittlerer Stärke.

Hühnerstall: Ort, an dem die Hühner ihre Eier ablegen und schlafen.

Kantholz: Dickes Holz, Balken, Bohlen.

Legenest: Ort, an dem die Hennen brüten bzw. ihre Eier ablegen.

Lochsäge: Aufsatz für eine Bohrmaschine, mit dem man runde Öffnungen mit einem bestimmten Durchmesser ausschneiden kann.

Pfahlkonstruktion: Sämtliche Pfähle, die eine Konstruktion stützen.

Polyurethan-Holzleim bzw. PU-Klebstoff: Klebstoff mit expansiven Eigenschaften nach dem Auftragen; perfekt für Holzmontagen.

Schlagdübel: Plastikdübel, der sich in ein Loch, das zuvor in ein Fundament aus Beton oder Zement gebohrt wurde, einführen lässt. Beim Eintritt von Nagel oder Schraube verbiegt sich der Schlagdübel und verbleibt fest an Ort und Stelle.

Schwingschleifer: Schleifmaschine, die aufgrund ihrer oft geringen Größe leicht mit einer Hand zu bedienen ist.

Sitzstange: Platz, an dem die Hühner die Nacht verbringen.

Tränke: Behälter (natürlicher oder industriell gefertigter), aus dem die Tiere nach Belieben frisches Wasser trinken können.

Unterstand: Ort, an dem die Hühner bei schlechtem Wetter (Regen, Wind, Schnee) Zuflucht finden. Das kann das Hühnerhaus selbst sein, aber auch ein kleiner, windgeschützter Anbau.

Voliere: Eingezäunter Außenbereich.

Windverstrebung: Holzelement, das in ein Dachgebälk integriert wird, um die Widerstandsfähigkeit gegen Wind zu steigern.

Zuchtgruppe: Hennen und Hähne derselben Rasse, die zusammen gehalten werden, um Kreuzungen zu verhindern.

Der Autor

Hervé Husson ist seit 2007 passionierter Hobbyzüchter der verschiedensten Hühnerrassen. Ihm liegt die Achtung vor den Tieren und ihr Wohlbefinden besonders am Herzen. Erfahrungen und Tipps teilt er mit vielen anderen Geflügelzüchtern über seinen Blog „Chez Ysengrin", der sich bei Hobby- und Profi-Hühnerhaltern großer Beliebtheit erfreut.

Danksagung des Autors

Ich möchte mich bei allen Züchtern bedanken, die sich bereit erklärt haben, an diesem Projekt mitzuwirken, und meine bisweilen dringenden Ersuchen ertragen haben: Joseph Lusetti (Corsica basse-cour), Willy Renelle, Jean-Francois Leaux, Sophie Aubonnet, Rémi Galea, Pascale Nuttall (La Ferme de Keres), Sabine Delaroche, Sophie Freulet. Außerdem geht mein Dank an meine Lebensgefährtin Annabelle Evano für die Bearbeitung und Lektüre meiner Texte, an Fabienne Chesnais für ihre Unterstützung und wertvollen Ratschläge, und schließlich an die gesamte Belegschaft von Éditions Ulmer, vor allem an den Verleger Antoine Isambert für sein Vertrauen.

Bildquellen

Die Illustrationen stammen vom Autor.

Fotos

Das Titelfoto sowie alle Fotos im Innenteil wurden vom Autor gemacht, mit Ausnahme von:
Sophie Aubonnet: S. 62; corsicabasse-cour.com: S. 4, 10, 20, 30, 31, 38, 70, 139 (oben rechts); Sabine Delaroche: S. 108; fermedekeres.com: S. 92, 127 (rechts Mitte); Sophie Freulet: S. 123 (oben rechts, unten rechts); Rémi Galea: S. 80, 81; Jean-Francois Leaux: S. 54.

Impressum

Titel der französischen Originalausgabe:
Construire un poulailler.
Aus dem Französischen von Claudia Ade.
Erschienen bei: Les Éditions Ulmer,
8, rue Blanche, 75009 Paris, Frankreich.

Bibliografische Information der Deutschen Nationalbibliothek
Die Deutsche Nationalbibliothek verzeichnet diese Publikation in der Deutschen Nationalbibliografie; detaillierte bibliografische Daten sind im Internet über http://dnb.d-nb.de abrufbar.

Wollgrasweg 41, 70599 Stuttgart (Hohenheim)
E-Mail: info@ulmer.de
Internet: www.ulmer.de
Lektorat: Dr. Eva-Maria Götz, Kathrin Gutmann
Herstellung: Isabell Scherrieble
Umschlaggestaltung: Verlag Eugen Ulmer
Satz: r&p digitale medien, Echterdingen
Reproduktion: timeRay Visualisierungen, Jettingen
Druck und Bindung: Westermann Druck
Printed in Germany

ISBN 978-3-8186-0830-9